机械工程生产实习指南

黄国权　刘树珍　崔作峰　穆永浩　编著
王宏超　王国成　赵雪壑　于金平

哈尔滨工程大学出版社
Harbin Engineering University Press

内容简介

本书主要内容包括:生产实习大纲、船用柴油机与企业;船舶结构、低速柴油机结构组成与工作原理;船用低速柴油机典型零件机械加工工艺;船用低速柴油机主机部件装配工艺;船用柴油机数字化装配工艺等内容。

本书适合高等学校机械设计制造及其自动化专业的本科生及在船用柴油机企业实习的学生作为生产实习教材,也适合高等职业学院作为生产实习教材使用,对于从事船用低速柴油机的机械加工及装配的工程技术人员也具有参考价值。

图书在版编目(CIP)数据

机械工程生产实习指南/黄国权等编著. —哈尔滨:
哈尔滨工程大学出版社,2018.6(2019.6 重印)
ISBN 978 – 7 – 5661 – 1966 – 7

Ⅰ. ①机… Ⅱ. ①黄… Ⅲ. ①机械工程 – 实习 – 指南
Ⅳ. ①TH – 45

中国版本图书馆 CIP 数据核字(2018)第 117537 号

选题策划 张淑娜
责任编辑 史大伟
封面设计 刘长友

出版发行 哈尔滨工程大学出版社
社 址 哈尔滨市南岗区南通大街 145 号
邮政编码 150001
发行电话 0451 – 82519328
传 真 0451 – 82519699
经 销 新华书店
印 刷 哈尔滨市石桥印务有限公司
开 本 787mm×1 092mm 1/16
印 张 8.75
字 数 219 千字
版 次 2018 年 6 月第 1 版
印 次 2019 年 6 月第 2 次印刷
定 价 24.80 元
http://www.hrbeupress.com
E-mail:heupress@ hrbeu.edu.cn

前　言

生产实习是根据教学计划安排的非常重要的必修实践性教学环节,是学生将课堂上所学的理论知识、专业知识和实际应用相结合的重要环节。通过生产实习,学生能够了解和掌握本专业的基本生产知识,印证、巩固和丰富已学过的专业知识;了解现代企业中生产组织情况及产品的生产过程,扩大知识面;培养学生理论联系实际,运用所学专业知识在生产实际中调查研究问题、观察分析问题、解决实际问题的能力和方法以及创新精神;培养在企业中学习和工作的习惯和方式,为未来在企业中工作打下一定的基础。

为了更好地落实"高等学校本科教学质量与教学改革工程"项目,进一步推进校、企在人才培养工作上的深度合作,最终实现共赢,笔者根据实习单位现行的管理制度和部分船用柴油机部件的机械加工工艺、装配工艺,整理编著了《机械工程生产实习指南》一书,以助于院校实习师生从工程实践中获取实践知识和培养实践能力,培养学生们应用已学过的知识来观察、分析和思考一些实际问题,培养学生的创新能力,让学生了解企业文化,熟悉企业管理要求,掌握实习要领,安全、圆满地完成既定实习任务。

本书主要内容包括:第1章生产实习大纲、船用柴油机与企业;第2章船舶结构、低速柴油机结构组成与工作原理;第3章船用低速柴油机典型零件机械加工工艺,主要包括连杆机械加工工艺过程及分析、十字头机械加工工艺过程及分析、活塞杆机械加工工艺过程及分析;第4章船用低速柴油机主机部件装配工艺,主要包括气缸盖排气阀总成装配工艺及分析、活塞总成装配工艺及分析、十字头连杆总成装配工艺及分析、机座总成装配工艺及分析、机座机架合拢装配工艺及分析;第5章船用柴油机数字化装配工艺,主要阐述了船用柴油机数字化装配涉及的关键技术。

本书内容丰富、重点突出、层次清晰、结构严谨、逻辑性强,各章均提供了本章小结和思考题,便于学生掌握所学内容。本书以项目为中心展开,使学生通过"做中学",培养创新精神和实践能力。

本书由哈尔滨工程大学黄国权,大连船用柴油机有限公司刘树珍、崔作峰、穆永浩、王宏超、王国成、赵雪鳌、于金平编著,全书由黄国权统稿。本书在编著过程中,承蒙大连船用柴油机有限公司辛洪儒研究员级高级工程师审阅,并提出许多宝贵的建设性意见,在此表示衷心的感谢,也十分感谢哈尔滨工程大学出版社的编辑为本书所做的工作。

由于编著者水平有限,加之时间仓促,书中不当之处敬请读者不吝批评指正。

编著者

2018 年 3 月

目　　录

第1章 生产实习大纲、船用柴油机与企业

1.1 实习目的和任务

生产实习是根据教学计划安排的非常重要的必修实践性教学环节,是学生将课堂上所学的理论知识、专业知识和实际应用相结合的重要环节。通过生产实习,学生能够了解和掌握本专业基本的生产知识,印证、巩固和丰富已学过的专业知识,了解现代企业中生产组织情况及产品的生产过程,扩大知识面。培养学生理论联系实际,运用所学专业知识在生产实际中调查研究问题、观察分析问题、解决实际问题的能力和方法以及创新精神。培养学生在企业中学习和工作的习惯和方式,为未来在企业中工作打下一定的基础。在实习过程中,学生应该学习工人的组织性、纪律性等优秀品质,接受热爱祖国、热爱社会主义建设的教育。通过生产实习,学生能够从工程实践中获取实践知识和实践能力。通过生产实习的训练,可以培养学生们应用已学过的知识来观察、分析和思考一些实际问题,培养学生的创新能力。

1.2 实习内容和方式

1.2.1 实习内容

(1)企业教育及企业介绍。通过企业进行安全教育、法制教育和保密教育;进行企业情况介绍,了解企业和车间中的安全生产知识、企业生产情况及生产组织管理方面的经验及问题。(企业方讲解)

(2)车间实习。学生按实习计划在指定车间对典型机床或零部件进行实习,通过观察分析,查阅有关工艺文件,向车间工人和技术人员请教,了解和分析典型零件的结构、机械加工工艺过程和典型部件的装配工艺过程,完成规定的实习内容。(学生在车间实习)

(3)听取船用柴油机工作原理的讲解以及典型部件的机械加工工艺过程和装配工艺过程的讲解。(企业方讲课)

(4)了解和掌握典型零件加工的工艺装备、机床(专用机床、数控机床、加工中心机床)和典型机构,刀具和量具的种类及测量方法等。(学生在车间实习)

(5)通过参观了解实习企业概况,产品的先进制造方法及其生产方式和生产情况,以获得更广泛的生产实践知识。(参观本地企业)

1.2.2 实习方式

(1)听取报告。实习开始时,实习接收单位将指派人员向学生做入企业教育,介绍本单位情况以及安全、保密教育。

（2）车间实习。学生按实习计划在指定车间对典型机床或零部件（可根据实习工厂实际情况而定，包括连杆、十字头、活塞杆、机座、机架等典型零件）进行实习，通过观察分析，查阅有关资料，向车间工人和技术人员请教，完成规定的实习内容，这是实习最主要的方式。

（3）企业讲课。根据实习内容，适当安排企业技术人员讲授有关实习零件的加工工艺、装配工艺等内容。

（4）组织参观。实习期间，适当组织学生参观本地区企业或有关单位，以使学生获取更广泛的知识。

（5）讨论分析。在车间典型零件加工工艺现场实习后，在老师的指导下，多组织同学之间讨论、辩论。通过讨论，可以较有效地检验学生们掌握实习内容的程度，搞通弄懂实习过程中的一些模糊认识，纠正一些理解上的错误，从而达到认识、提高和巩固实习效果的目的。回到生产现场进行有针对性的、深入的观察，整理实习笔记，做好讨论的准备。实习时间虽然较短，但通过讨论、辩论等形式，能够大大激发学生的学习热情，使其在实习过程中表现出较高的主动性和积极性。这种形式，培养了学生们的团队能力，也锻炼了学生的才干，达到了激发学生创新能力的目的。

1.2.3　实习流程

按照"集中培训，分组实习"的实习原则开展工作。在校生实习必须在参加实习单位安全教育、法制教育、保密教育和企业文化宣贯等培训后，方可到各生产部门进行专业实习。实习流程如图 1－1 所示。

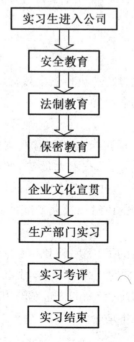

图 1－1　实习流程图

1.3　实习考核

实习期间,指导教师随时对学生实习情况进行检查;在返校后进行开卷考试。根据学生在实习期间的实习态度和表现,实习笔记、实习报告、专题报告的质量以及考试成绩的情况,综合确定考核成绩。考核成绩按五级分制。

实际实习天数少于三天或三分之一者;无实习笔记(或内容太少)、实习报告或专题报告者;严重违纪者;不参加考试者;不按时交实习笔记、实习报告、专题报告者。有上述之一者,实习成绩不及格。

1.3.1　实习笔记

实习笔记也是实习日记,从实习开始,学生应将每天的实习内容记入实习笔记,包括每天的工作、观察研究的成果,收集的资料和图表,现场实习记录,听课和听报告的内容,以及参观情况等。

实习笔记是学生编写实习报告的主要资料依据,也是指导教师检查学生实习情况的一个重要方面,学生每天必须认真填写,内容翔实、丰富、全面。实习笔记要着重记录实习中所涉及的有关典型零件的内容。

学生应每天完成实习笔记的书写和整理,指导教师在实习中可随时检查批改实习笔记。

1.3.2　总结报告

写实习总结报告是让学生独立地分析问题,总结、归纳、深化实习过的内容,不允许抄工艺卡片。统一要求可以分以下四方面的内容:

(1)零件的分析

零件的分析应包括零件的名称、作用、材料、硬度、热处理要求和结构工艺如何等。

(2)零件工艺过程概述

零件工艺过程概述即概括叙述零件的机加工工艺过程,绘出工序简图并给以必要的说明。如工艺过程过长,可将定位、夹紧、所用机床、加工表面相似的若干工序合并加以说明。

(3)重点关键工序的工艺分析

重点关键工序的工艺分析包括如何保证精度要求,工艺安排是否合理、先进等。

(4)对典型夹具的结构进行分析并绘出结构示意图

在实习结束时,学生应提交书面的实习报告。实习报告应在实习开始时就着手整理编写。报告中必须有规定典型零件的实习内容,要有对生产问题的说明、分析和评论,以及总结实习收获等。

每个实习的典型零件都要写入实习报告。具体内容如下:

(1)零件的分析和零件草图的绘制

①零件的名称、编号;

②零件在整机中的作用;

③零件的材料、硬度、热处理方式;

④零件的毛坯制造方法、总加工余量等；

⑤零件的技术要求、结构工艺性；

⑥单件工时。

（2）零件的工艺过程概述

概述零件的主要工艺过程，绘制工序简图，并附加说明。零件工艺过程较长时，可将若干道与机床、夹具、加工表面类似的工序合并成一个工序简图说明。

对工序图要求：

①给出加工面并绘出粗糙度值；

②标明定位、夹紧符号；

③标注工序尺寸及公差。

工序说明：

①所用机床型号、名称；

②刀具、量具、辅具名称；

③切削运动；

④切削用量；

⑤加工余量；

⑥单件工时。

（3）关键工序工艺分析

关键工序是指加工技术要求高、易出废品、生产率低的工序。按以下问题进行分析：

①尺寸、形状、位置精度是如何保证的？

②表面粗糙度是如何保证的？

③工艺方法技术上是否先进？经济上是否合理？

④机床设备是否充分发挥了作用？如何进一步提高生产率？

⑤哪些技术易出现超差、易出废品，什么原因，如何解决？

⑥零件的整个工艺过程安排是否合理，如何改进？

（4）典型夹具结构分析

每个典型零件选一个典型夹具，以结构示意图绘出，应基本符合机械制图标准。按以下方面绘图：

①零件以双点画线作为透明体画在夹具上；

②工件处于夹紧状态；

③画出定位、夹紧、导向、对刀等元件及夹具体；

④画出气缸、油缸等动力源及力的传递、放大、换向和夹紧元件；

⑤画出夹具与机床的连接形式；

⑥标注必要的夹具安装技术要求；

⑦分析定位误差；

⑧写出夹具使用、调整说明；

⑨论述夹具优、缺点，并提出改进意见。

（5）其他

除上述内容要求外，实习报告还应包括对实习企业内生产问题的扼要分析和说明，以及对生产技术问题、组织管理问题提出改进措施的建议。总结实习收获,提出对实习工作的改进意见。

1.3.3　专题报告

为了培养学生独立分析和解决生产实际问题的能力,引导学生深入钻研生产实际问题,要求学生完成一份专题报告。

实习专题报告是实习结束时提出的两个报告之一,专题报告的要求为:运用课堂学过的理论和知识,对实习中某一方面的问题进行深入分析,提出关于提高加工质量、减少加工成本、提高生产效率、改善工人劳动环境和条件等改进设想和建议等。

内容可由学生自选,指导教师审核确定。内容包括:某典型零件机械加工工艺过程或某一部件装配工艺的分析和研究,某个典型夹具的分析研究,某种先进或典型机床的分析研究,某种先进制造技术的研究,某种先进刀具的分析和研究,工厂技术革新的研究等方面的分析和研究。

专题题目自选,内容不限,但必须是结合实习的内容。可以是如下几个方面:

①典型生产线的分析;

②典型零件工序的工艺方法和工艺措施,论述该工序的工艺方法和工艺措施的优、缺点,并提出改进意见;

③典型夹具结构分析,定位、夹紧、导向、对刀等元件及夹具体,论述夹具优、缺点,并提出改进意见;

④典型零件加工的工艺装备、机床(专用机床、数控机床、加工中心机床)和典型机构等;

⑤典型零件加工的刀具和量具的种类及测量方法等,分析该优、缺点,并提出改进意见;

⑥某工艺方法综述等。

专题报告篇幅不必太长,其主要目的是培养学生理论联系实际及分析问题、解决问题以及综合知识的运用能力。

1.4　实习注意事项

(1)遵守实习队的有关规定,服从实习队的统一指挥,有事要向实习队老师或领导请示、报告;

(2)实习厂区严禁玩游戏机、听音乐、玩手机等,严禁吸烟、拍照,不许喧哗打闹,影响工人工作;

(3)遵守实习企业的安全要求、保密制度、资料借阅规定等;

(4)注意个人形象,做到文明礼貌,搞好和其他兄弟院校之间关系,体现大学生的良好风尚;

(5)在厂区实习期间,必须统一穿着实习服装、戴好帽子、穿长裤,不穿凉鞋、拖鞋、短裤、裙子;

(6)严禁下海游泳,注意饮食,准备一些常用药,如治疗腹泻、感冒、发烧等疾病的药品;

(7)遵守实习驻地的有关作息、卫生、安全等规定,严格遵守每天的作息时间,严禁迟到早退;不要因人原因影响集体实习的进度。

1.5　实习安全教育及法制教育

1.5.1　实习安全教育

1. 安全教育的意义

安全教育是预防和控制事故的重要手段之一,只有通过安全教育才能切实提高实习人员的安全意识和防范能力。

2. 法律法规

《中华人民共和国安全生产法》(新 2014 年 12 月 1 日)。

安全生产单行法律:《矿山安全法》《消防法》《道路交通安全法》《突发事件应对法》。

安全生产相关法律:《刑法》《行政处罚法》《职业病防治法》《劳动合同方法》等。

安全生产行政法规:《安全生产许可证条例》《危险化学品安全管理条例》《特种设备安全监察条例》《工伤保险条例》等。

安全生产法律法规都是从血淋淋的事故教训中总结出来的。

3. 权利和义务

权利:包含获得安全保障、工伤保险和民事赔偿的权利;得知危险因素、防范措施和事故应急措施权利;对本单位安全生产的批评、检举和控告的权利;拒绝违章指挥和强令冒险作业的权利;紧急情况下的停止作业和紧急撤离的权利。

义务:包含遵章守规、服从管理的义务;正确佩戴和使用劳动防护用品的义务;接受安全培训、掌握安全生产技能的义务;发现事故隐患或者其他不安全因素及时报告的义务。

4. 管理要求

安全:遵守公司各项管理规章制度,实习时一定要按照实习企业司管人员要求去做,不该动的设备设施一定不要动。特别是劳保护具的正确佩戴。

消防:要做到"三懂、三会"。

三懂:懂生产过程中的火灾危险性;懂预防火灾的措施;懂扑救火灾的方法。

三会:会报警;会使用消防器材;会扑救初起火灾。

交通:遵守交通规章制度,特别要注意平板车、叉车、大货车进出厂区事项。

5. 职业健康

工伤的种类:红伤和白伤。

红伤是指例如机械、起重伤害引起的事故伤害。

白伤就是指职业病,潜伏期长,几乎无法治愈,治疗成本高,患者痛苦程度高等。

职业病定义:职业病是劳动者在职业活动中,因接触粉尘、放射性物质和其他有毒有害物质等因素而引发的疾病。

职业病危害因素分为:粉尘类;放射性物质类;化学类;物理因素;生物因素;导致职业性皮肤、眼病、耳鼻喉、肿瘤等疾病。

6. 不安全因素

机械加工部存在的不安全因素:机械伤害;起重伤害;车辆伤害;噪声伤害;高空坠落伤

害;触电伤害;物体打击;火灾;粉尘伤害;锅炉爆炸;其他伤害。

总装制造部存在的不安全因素:机械伤害;起重伤害;车辆伤害;噪声伤害;高空坠落伤害;触电伤害;物体打击;火灾;压力容器爆炸;锅炉爆炸;其他伤害。

7. 事故教训

机械伤害:1999 年 3 月 19 日 16 时许,机械加工部钻床工人韩××在为 70 机扫气箱钻孔划凹作业时,该人用左手食指装夹刀板时,不慎被转动的刀板将手割伤。

高处坠落:2001 年 9 月 28 日 17 时许,机械加工部吊挂工刘××,在为龙门铣床吊 70 机机架准备卸卡环时,该人脚踩机架防爆门处,左手戴吊车手套把在门框上,右手摘卡环螺栓,吊扣摆动,该人躲闪不及坠落到床面上(高约 2.2 米),造成颅底骨折,眼眶骨折。

其他伤害:1999 年 8 月 6 日晚 23 时许,机械加工部中件工段韩××,洗完澡回车间,从方连杆和活塞杆的中间通道穿过,由于地面有油,韩××穿拖鞋滑到,将左手手腕内侧割伤。

当人们把自己的生命比作"1"时,生活就是你后面不断增加的"0","0"越多说明你事业越成功,家庭越幸福。倘若生命不复存在,再多的"0"也没有任何意义。

1.5.2　实习法制教育

各位同学,请在公司实习期间遵守国家法律法规和本公司相关规章制度。

1. 公司环境

公司自 1984 年成立以来,历经多年建设发展,形成了现如今的生产布局。香炉礁生产厂区占地 84 276 m²,公司设有 4 个生产部门(钢构制造部、综合制造部、机械加工部、总装制造部)、1 个生产保障部门(生产保障部)和 14 个管理部门。下面着重介绍一下机械加工部和总装制造部。

机械加工部:拥有德国生产的高精度大型龙门铣床,同学们在实习过程中,不要随意穿插行走于龙门铣床工作区域,防止发生意外事件,造成不必要的麻烦,影响生产。

总装制造部:东面靠海,公司规定,公司内区域不许钓鱼,不许游泳。

2. 实习期间注意事项

(1)大连船用柴油机有限公司代号为"401",大连船舶重工集团代号"426"。这都是中国军工企业代号。

(2)公司内不许进行赌博活动;不许实习生在无关区域、重要部位逗留;注意生产现场安全,维护好与公司职工之间关系。实习生应避免在公司内与公司职工发生矛盾,引起不必要的纠纷事件。

(3)大船集团门禁卡。注意门禁卡使用情况和违规处罚情况。要求实习生遵守大船集团门禁规定,要统一进出门岗。

(4)技防防范设施,公司现有探头 96 个,基本覆盖公司生产现场和办公区域,24 小时监控,在日常工作中发现问题及时处理,也能起到震慑作用,盗窃案件逐年减少。

(5)强调在公司内实习期间要保护好私人财物,贵重物品。

3. 案例教训

案例 1　玩笑引发的伤害　公司员工崔某和王某毕业于同一所学校,又一起进入公司在同一个制造部、同一个班组工作,两人既是工作中最好的伙伴,又是生活中最好的朋友。

在一次工休时间,崔某开起了王某玩笑,王某顺手拿起一个机床丝锥砸向崔某,躲避不及,崔某左眼眉被扎伤,送医院缝合10余针。事件处理:责令王某一次性赔偿崔某医疗费用6万余元,并根据公司治安管理规定,对王某进行治安处罚。

案例2 言语过激造成的赔偿　公司某制造部生产管理人员李某,在例行现场巡检时发现操作工人张某违章作业,当即上前制止。由于李某言语过激双方发生肢体冲突,张某被打伤住院。事件处理:责令李某一次性赔偿张某医疗费7万元,并根据公司治安管理规定,对张李二人进行治安处罚。

案例3 兔子吃了窝内草　公司职工赵某,取了工资刚刚回到班组就接到临时抢修任务。赵某将工资放在办公桌抽屉中锁好后,拿上工具就赶往抢修现场。同班组的方某,趁班组里没人找到备用钥匙打开抽屉拿走赵某工资。事件处理:责令方某返还所拿赵某全部工资,并根据公司治安管理规定,对方某进行治安处罚。

案例4 军工保密无小事　有一名邻接单位人员,在受到诱惑后,到军工单位偷拍,并将照片发往境外,被国家安全部门截获。根据国家的相关法规对其进行处罚。

案例5 厂区内禁止拍照　一外来人员来大船厂区进行参观学习,违反相关规定,拿出手机进行拍照,被相关部门发现后没收手机,进行检查。由于未造成严重后果,在对其进行批评教育后,删除照片返还手机。

1.6　船用柴油机的发展情况

1. 船舶柴油机发展

1776年,瓦特蒸汽机;

1876年,德国人奥托第一次提出四冲程循环原理,发明了电点火的四冲程煤气机(14%);

1880年,英国的D. Clerk和J. Robson,以及德国人K. Benz等成功地开发了二冲程内燃机;

1892年,德国工程师Rudolf Diesel申请了压缩发火内燃机专利;

1897年,在MAN公司制成第一台实际使用的柴油机(压燃式、空气喷射、定压燃烧),其效率因可采用较大的压缩比而比煤气机有显著提高;

1904年,柴油机首次用于船舶推进装置(29.4 kW,260 r/min);

1926年,瑞士人A. J. Bachi设计了一台废气涡轮增压柴油机;

1927年,在柴油机上正式使用了由R. Bosch发明的喷油泵(回油孔式)——喷油器喷射系统,代替了原需用7 MPa压缩空气喷油的空气喷射系统,实现了混合燃烧。

2. 柴油机发展的重大阶段

从非增压到废气涡轮增压——1926年瑞士人A. J. Bachi设计了一台废气涡轮增压柴油机(重要的里程碑,第一次飞跃);

从空气喷射到压缩喷射——1927年R. Bosch(回油孔式);

从四冲程柴油机到二冲程柴油机——单缸功率、大功率;

劣质燃油在柴油机中的成功应用——提高经济性(第二次飞跃);

控制技术的成功应用——全电子控制的智能型柴油机(2000年,瓦锡兰公司的RT-

Flex 系列和 MAN B&W 的 ME 系列柴油机)。

3. 船舶柴油机的发展方向

(1)经济性。提高经济性的研究,包括燃烧、增压、低摩擦、低磨损等的研究。

(2)可靠性。提高可靠性和全寿命经济性。

(3)电子技术。电子技术在柴油机中的运用。

(4)监控。自动遥测监控系统。

(5)研发技术。柴油机的研发采用虚拟技术。

(6)排放控制。代用清洁燃料研究和低排放技术的实施。

1.7　船用柴油机的分类

1. 柴油机的分类

(1)按工作循环分类,有四冲程柴油机和二冲程柴油机。

(2)按是否增压分类,有增压柴油机和非增压柴油机。

(3)按曲轴转速分类,有低速、中速和高速柴油机。

低速柴油机:$n < 300$ r/min,$V_m < 6$ m/s。

中速柴油机:$n = 300 \sim 1\,000$ r/min,$V_m = 6 \sim 9$ m/s。

高速柴油机:$n > 1\,000$ r/min,$V_m > 9$ m/s。

(4)按结构特点分类,有筒形活塞式柴油机和十字头式柴油机,柴油机和十字头式柴油结构简图如图 1 - 2 所示。

筒形活塞式柴油机:活塞起导向作用,缸壁承担侧推力,如图 1 - 2(a)所示。

十字头式柴油机:活塞不起导向作用,缸套没有侧推力的作用,导向作用由十字头滑块承担,侧推力由导板承担。气缸下部加设一横隔板,把气缸与曲轴箱隔开,以防气缸中的污油、结炭或燃气漏入曲轴箱污染滑油。十字头式柴油机可靠性较筒形活塞式柴油机高,如图 1 - 2(b)所示。

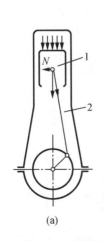
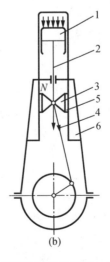

(a)　　　　　　　　　　(b)

图 1 - 2　筒形活塞式柴油机和十字头式柴油机结构简图

(a)筒形活塞式柴油机;(b)十字头式柴油机

（5）按气缸排列分类,有 V 列式柴油机和直列式柴油机,如图 1 - 3 所示。

V 列式柴油机:气缸夹角有 90°,60°,45°,如图 1 - 3(a)所示。

直列式柴油机:气缸数小于 12 缸,如图 1 - 3(b)所示。

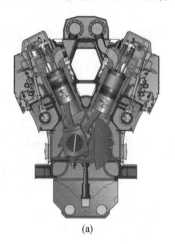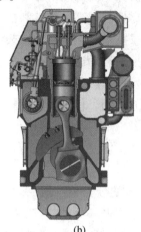

(a)　　　　　　　　　　　　　　　　　(b)

图 1 - 3　V 列式柴油机和直列式柴油机

(a)V 列式;(b)直列式

（6）按转向分类,有右旋柴油机和左旋柴油机

右旋柴油机:由飞轮端(功率输出端)向自由端看,正车时按顺时针方向旋转的柴油机。

左旋柴油机:由飞轮端(功率输出端)向自由端看,正车时按逆时针方向旋转的柴油机。

（7）按可否逆转分类,有可逆转柴油机和不可逆转柴油机。

2. 低速机(二冲程)

缸径:　　　　　　　　300 ~ 980 mm。

转速:　　　　　　　　195 ~ 70 r/min。

活塞平均速度:　　　　8.9 m/s。

平均有效压力:　　　　1.7 ~ 2.1 MPa。

气缸最大爆发压力:　18 ~ 21 MPa。

单缸功率:　　　　　　640 ~ 6 870 kW。

燃油消耗率:　　　　　160 ~ 170 g/(kW·h)。

低速柴油机由于性能优良、可靠性好、使用维护方便、能燃用劣质燃油等优点,已成为大型油轮、大型干散货船、大型集装箱货轮的主要动力。最新型低速柴油机在许多方面趋于一致,即结构方面,采用非冷却式喷油器、可变喷油定时油泵、长尺寸连杆、液压驱动式排气门、单气门直流扫气、定压增压、高效涡轮增压器;性能方面,平均有效压力不断提高,增加活塞平均速度,改进零部件结构,增加强度,具有较低燃油消耗水平,使单缸功率不断增大,使用寿命延长。电子液压控制,可以满足国际海事组织 MARPOL 条约 Tier Ⅱ 和 Tier Ⅲ 的要求。使用的燃料除柴油外,还可以根据实际需要,设计成双燃料主机,可以使用甲烷、乙烷等燃料。

代表机型主要集中在 3 家:

德国 MAN 公司的 MC 系列:G95MEC,G80MEC,G/S60ME - C,G50MEB 等。

WIN GD 的 X 系列：X92，X72，X62，X52 等。

WIN GD 的 RTflex 系列：RTflex58，RTflex40 等。

日本的 UE 系列(少量)。

3. 中速机(四冲程)

缸径：　　　　　　　　210 ~ 510 mm。

转速：　　　　　　　　1 150 ~ 500 r/min。

活塞平均速度：　　　　9.0 ~ 12 m/s。

平均有效压力：　　　　2.4 ~ 3.0 MPa。

气缸最大爆发压力：　　16 ~ 23 MPa。

单缸功率：　　　　　　200 ~ 1 200 kW。

燃油消耗率：　　　　　175 ~ 195 g/(kW · h)。

中速柴油机大多为四冲程,其体积小、质量小、制动快,更适合近海较小吨位的船舶使用。大功率中速机主要用于客运班船、作业船、滚装船等。近年来,中速机在开发大缸径、提高整机功率方面做了大量工作,并在燃用劣质燃油、降低油耗、提高零部件的可靠性、提高使用寿命及高增压等方面取得了显著成效。

代表机型：

MAN 公司：+ L50/60，RK280 等。

Caterpillar AK 系列：M25，M32，M43 等。

瓦锡兰公司：W26，W32，W38，W46。

日本 Niigada：V26FX,6L32FX。

韩国的 HUNDAI：H21/32，H25/33。

法国 Pielstick：PC2 - 5 及 PA6。

德国：MTU20V8000 等。

4. 高速机(四冲程)

缸径：　　　　　　　　160 ~ 210 mm。

转速：　　　　　　　　2 100 ~ 1 650 r/min。

活塞平均速度：　　　　11.5 ~ 13.3 m/s。

平均有效压力：　　　　2.3 ~ 3.0 MPa。

气缸最大爆发压力：　　17 ~ 20 MPa。

单缸功率：　　　　　　120 ~ 250 kW。

燃油消耗率：　　　　　195 ~ 215 g/(kW · h)。

高速机主要运用于客运或娱乐、体育。

MTU 公司代表机型：MTU16V4000M90，MTU20V595TE90；

MAN 公司代表机型：MAN - B&W 18VP185，DeutzTBD620V16；

瓦锡兰公司：16V170,20V200。

日本 Niigata：16V20FX 等。

5. 发动机分类对比

发动机分类对比,见表 1 - 1。

表 1 - 1 发动机分类

	缸径/mm	转速/(r/min)	活塞平均速度/(m/s)	单缸功率/kW
低速机(二冲程)	300 ~ 980	195 ~ 70	8.9	640 ~ 6 870
中速机(四冲程)	210 ~ 510	1 150 ~ 500	9.0 ~ 12	200 ~ 1 200
高速机(四冲程)	160 ~ 210	2 100 ~ 1 650	11.5 ~ 13.3	120 ~ 250

1.8 船用柴油机的型号

每种柴油机都有自己特定的代号,称为柴油机的型号。

1. 我国船用柴油机型号

(1)中小型柴油机:如 8E350ZDC 柴油机,其型号说明如图 1 - 4 所示。

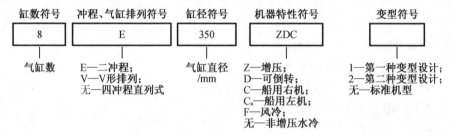

图 1 - 4 8E350ZDC 柴油机型号

(2)大型低速机:如 12VESDZ30/55B 柴油机,其型号说明如图 1 - 5 所示。

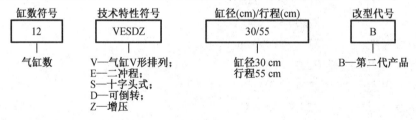

图 1 - 5 12VESDZ30/55B 柴油机型号

2. 几种常见国外机型型号解释

关于柴油机的型号表示,国际上没有统一标准,通常由若干字母和数字组成,但各国柴油机制造厂有自行的规定和说明。现列举几个常见国外厂家的船用低速柴油机型号。

(1)瑞士 SULZER 船用低速柴油机

瑞士苏尔寿公司生产的船用低速柴油机有 RD,RND,RMD - M,RLB,RTA,RTA - M 系列产品,如 6RTA84M 柴油机,其型号说明如图 1 - 6 所示。

（2）德国 MAN 船用低速柴油机

德国曼恩公司生产的船用低速柴油机系列有 KZ，KSZ－A，KSZ－B 等系列产品，如 KSZ90/160B 柴油机。

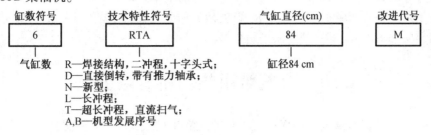

图 1－6　6RTA84M 柴油机型号

（3）丹麦 B&W 船用低速柴油机

丹麦柏玛斯特－韦恩公司生产的低速船用柴油机有 VTBF，VT2BF，K－EF，KFF，KGF，L－GF，S－MC，S－MCE，G－MEC，G－MEB 等系列产品，如 S35MCE 柴油机。

1.9　世界两大船用柴油机公司

曼恩（MAN B&W）和瓦锡兰（Wärtsilä）是世界船用柴油机的两大著名品牌。在世界船用低速机市场，MAN B&W 品牌的占有率高达 80%，Wärtsilä 品牌占 16%；在世界船用中速机市场，Wärtsilä 品牌的占有率达到 38%，MAN B&W 品牌占 27%。这两大品牌产品的 MAN 柴油机公司和瓦锡兰公司在船用低、中、高速柴油机的设计、研发和售后服务等领域始终居于世界前列，保持着绝对垄断的地位。

1. MAN 公司

MAN 柴油机公司（MAN Diesel&Turbo S E）是德国曼恩集团的子公司之一，总部设在德国，是世界最主要的船用柴油机设计、开发和制造企业，在柴油机研制方面有百余年的丰富经验。公司主要致力于新产品研发、出售专利技术、售前售后技术服务，同时也制造小缸径低速机和中、高速机等。德国的 MAN 兼并了丹麦的 B&W。

MAN 柴油机公司的两冲程柴油机生产集中在丹麦哥本哈根（阿尔法工厂），中速柴油机的生产分布在德国的奥格斯堡（动力设备、船用推进装置、发电装置）、丹麦的 Holeby（发电设备）、丹麦的 Frederikshavn（船用推进装置）、英国的 Stockport（动力装置、固定电源、船用推进装置、船用发电机、海洋与牵引装备）、法国的 St. Nazaire（船用推进装置）。MAN 柴油机公司的涡轮增压器部门位于德国的奥格斯堡。

2. 瓦锡兰公司

瓦锡兰公司（Wärtsilä Corporation）是全球领先的船用动力装置及陆上电站设备的供货商和服务商，目前在全球 70 多个国家拥有 160 家分支机构，总部位于芬兰赫尔辛基。

瓦锡兰公司船舶动力部分的业务分为五个领域：商用船舶、海洋工程、豪华游船与渡船、军船、特种船舶。LNG 船用双燃料中速柴油机是瓦锡兰公司的优势领域，其市场份额达到 90%；其四冲程中速机在豪华游船和渡船、海洋工程辅助船、拖船等领域的市场份额也达到 60% 以上。

瓦锡兰公司目前的柴油机业务是在原来其自身的柴油机业务、瑞士苏尔寿公司的柴油机业务及意大利芬坎蒂尼公司的大部分柴油机业务的基础上合并发展而成的。

四冲程中速主机由瓦锡兰芬兰瓦萨(Vaasa)工厂和意大利的里雅斯特(Trieste)工厂生产。瓦萨工厂负责 Wärtsilä 20、32、34DF 等机型的研发与生产；里雅斯特工厂负责 Wärtsilä 26、38、46、46F、50DF、64 等机型的研发与生产。

1.10   大连船用柴油机有限公司

大连船用柴油机有限公司(DMD),是中国船舶重工集团旗下中国动力中国船舶重工集团柴油机有限公司的全资子公司,成立于 1984 年 7 月 1 日,主要从事船用大功率低速柴油机引进开发、生产制造和维修服务,同时承接重大装备制造。

公司主要生产 MAN 系列和 Wärtsilä 系列低速船用主机,是国内最主要的船用柴油主机制造公司之一。目前公司已具备生产 MAN 和 Wärtsilä 全系列低速柴油机的能力,可满足普通至超大型船舶、24000TEU 以下集装箱船的主机需求。截至目前,公司已生产主机超千台,为数千万总吨的巨轮装备了主动力源。主机有三分之二随船出口,还有少量直接出口德国、巴西、美国、丹麦和越南。公司拥有省级技术中心,是大连市高新技术企业。公司技术始终保持与世界先进技术水平同步,并可通过全球化服务网络迅速提供主机技术支持和维修服务保障,被船东誉为可以满足最高标准的工厂。

公司拥有以德国瓦德里希科堡公司生产的重型数控龙门铣床为代表的大批数控设备和现代化测试设备,已具备大型部件的焊接制作、机械加工、热处理和装配试验能力,曾与美国 GE 公司、哈电集团、哈汽公司和德国舒勒等多家国内外大型企业,进行大型金属结构件等产品合作,在做强主业的同时,向重大装备制造基地不断迈进。

公司大力贯彻"精心制造,品质至上;精心管理,追求卓越"的质量方针,质量体系日臻完善,产品质量稳步提升,售后服务日益优化。1996 年通过 ISO 9002 质量体系认证,2010年完成 GB/T 19001—2008 质量管理体系换版。公司有三台主机先后荣获国家质量金奖,产品多次被授予省、市名牌产品称号。在生产经营的全过程中,公司始终把产品质量和满足客户需求放在第一位,完善的质量管理体系和稳定的产品质量,为公司赢得了客户,赢得了市场。

公司是首批国家二级和一级企业,1995 年被评为全国思想政治工作先进单位,2002 至2006 年,连续五年被评为辽宁省文明单位,2008 年荣获改革开放 30 年全国企业文化建设优秀单位称号,2014 年荣获辽宁省五一劳动奖状。

面向世界、面向未来的大连船用柴油机有限公司,以全球用户满意为己任,以世界最新技术为先导,不断推进产品创新,不断以最优秀的质量和服务,满足国内外船东对船舶动力的全方位需求。

1.11   本 章 小 结

本章主要对生产实习大纲进行了说明,并介绍了生产实习的内容及要求,船用柴油机的发展情况、分类及型号,以及国内外船用柴油机的制造企业。

思　考　题

1. 实习总结报告应包括哪些内容?
2. 说明实习的注意事项。
3. 说明工伤的种类。
4. 简要说明机械加工部存在的不安全因素。
5. 简要说明总装制造部存在的不安全因素。
6. 简要说明船用柴油机的分类。
7. 简要说明我国船用柴油机型号。
8. 简要说明国外船用柴油机型号。

第 2 章　船舶结构、低速柴油机结构组成与工作原理

2.1　船 舶 结 构

2.1.1　船舶的基本组成

1. 主船体

主船体是指上甲板及以下由船底、舷侧、甲板、艏艉与舱壁等结构所组成的水密空心结构,为船舶的主体部分。

2. 上层建筑

上层连续甲板上由一舷伸至另一舷的或其侧壁板,离船壳向内不大于4%船宽的围蔽建筑称为上层建筑,即艏楼、桥楼和艉楼,其他的围蔽建筑称甲板室。

3. 舱室名称

①机舱;

②货舱;

③压载舱;

④深舱;

⑤其他舱室,如燃油舱、滑油舱、淡水舱、污油水舱、隔离空舱等。

4. 各种配套设备

船舶配套主要分为六大类:

①动力装置(甲板下);

②船用机械设施(甲板上居多);

③电力系统及设备(甲板下);

④导航通信(甲板上)、海水净化系统(甲板下);

⑤舾装设备(甲板上);

⑥海洋工程装备(甲板上)。

六大配套设备中,动力装置为船舶的核心装置。

2.1.2　船舶设备布置

船舶设备布置如图2-1所示。

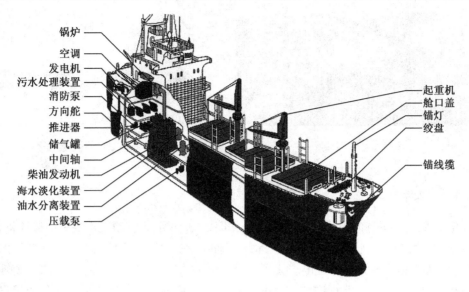

锅炉
空调
发电机
污水处理装置
消防泵
方向舵
推进器
储气罐
中间轴
柴油发动机
海水淡化装置
油水分离装置
压载泵

起重机
舱口盖
锚灯
绞盘
锚线缆

图 2 - 1　船舶设备布置

2.1.3　主机

　　船舶主机,即船舶动力装置,是为各类船舶提供动力的机械。船舶主机根据采用燃料的性质、燃烧的场所、使用的工质及其工作方式等的不同,可分为蒸汽机、内燃机、核动力机和电动机。主机实物图如图 2 - 2 所示。

图 2 - 2　主机实物图

2.1.4　曲轴和轴系

　　曲轴和轴系是主机动力的传输线。曲轴是柴油机的重要部件之一,是将柴油机各缸所做的功汇集后以回转运动的形式输出。曲轴和轴系如图 2 - 3 和图 2 - 4 所示。船舶主机通过传动装置和轴系带动螺旋桨旋转产生推力,克服船体阻力使船舶前进或后退。

图 2 – 3　曲轴

图 2 – 4　轴系

2.1.5　发电机

发电机是船舶所有的电力来源。发电机如图 2 – 5 所示。原动力主要是由柴油机提供，基于船舶安全可靠和维护管理简便的考虑，大型的船舶配置有不少于两台同一型号的柴油发电机，根据需要可多部同时发电。为了节能，航行中有的船舶可利用主机的传动轴来带动发电机发电（轴带发电机），或利用主机排出气的余热产生低压蒸汽来推动汽轮发电机组发电等。

图 2 – 5　发电机

2.1.6　锅炉

锅炉是船舶蒸汽来源，是推进船舶的蒸汽动力机械供应蒸汽的设备。锅炉实物图如图 2 – 6 所示。

图 2 – 6　锅炉实物图

2.1.7　分油机

分油机是机燃油和滑油的净化设备。分油机实物图如图 2 - 7 所示。

图 2 - 7　分油机实物图

2.1.8　舵机

舵机是一种位置(角度)伺服的驱动器,适用于那些需要角度不断变化并可以保持的控制系统。舵机是船舶上的一种大甲板机械。舵机是船舶的方向盘。舵机实物图如图 2 - 8 所示。

图 2 - 8　舵机实物图

2.1.9　造水机

造水机是船上重要的辅助机械,为船舶提供淡水,以满足船上人员和动力装置的需要。造水机是远洋船舶的淡水来源。造水机实物图如图 2 - 9 所示。

2.1.10　泵

泵是一种液体输送机械,它能将原动机的机械能转变为液体能(压力能、位能和动能),从而完成液体的输送。

船用泵是指符合船舶规范规定和船用技术条件要求的各种供船舶使用的泵。在船上经常被用来输送海水、淡水、污水、滑油和燃油等各种液体。泵是船舶管路系统的动力来源。泵实物图如图 2 - 10 所示。

图 2 - 9　造水机实物图　　　　　　　　图 2 - 10　泵

2.2　低速柴油机结构组成

1. 柴油机的基本组成

柴油机的基本组成如图 2 - 11 所示。

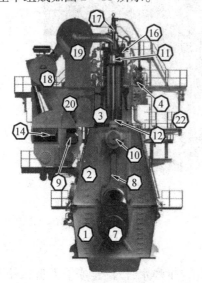 

图 2 - 11　柴油机的基本组成

1—机座;2—机架;3—缸体;4—HCU;5—盘车机;6—飞轮;7—曲轴;8—连杆;9—鼓风机;10—十字头;
11—活塞总成;12—填料函;13—缸套;14—空冷器;15—滤器;16—缸盖;17—排气阀;18—增压器;
19—排烟管;20—扫气箱;21—HPS;22—控制系统

(1)固定部件

固定部件主要有缸盖、缸套、机架、机座、主轴承等,其是构成柴油机本体和运动件的支承,并和有关运动部件配合构成柴油机的工作空间。

（2）运动部件

运动部件主要有活塞、活塞销、连杆、连杆螺栓和曲轴等。它们与固定部件配合完成空气压缩及热能到机械能的转换。

（3）配气系统

它包括进气系统和排气系统。进气系统主要由空气滤清器、进气管件、缸盖内的进气道、进气阀、气阀弹簧、摇臂、顶杆、凸轮轴和凸轮轴传动机构等所组成,用来在规定的时间内向气缸内充入足够的新鲜空气。排气系统主要由排气阀、空气弹簧、摇臂、顶杆、凸轮轴或排气阀液压促动器和传动机构以及排气管、排气消音器等组成。用来在规定时间内将气缸内做功后的废气排入大气。

（4）燃油系统

它包括供应和喷射两个系统。前者由日用油柜、燃油滤清器、输油泵等组成,后者由喷油泵、高压油管和喷油器组成。其功用是供给柴油机燃烧做功所需的燃油。

（5）润滑系统

润滑系统的主要作用是润滑摩擦表面,以减少机件的磨损,延长使用寿命,降低摩擦功率损失,提高机械效率。

（6）冷却系统

它的主要作用是维持柴油机受热零部件在合适的温度状态下工作。

（7）启动系统

柴油机本身无自行启动能力。启动系统的任务就是使柴油机从停车状态发动起来。

（8）调速装置

调速装置的作用是使柴油机能按外界阻力矩的变化而自动改变喷油泵的喷油量,从而使柴油机在选定转速下稳定运转。

（9）操纵系统

将启动、换向、调速等装置连接成一个整体并可以集中控制的机构。

（10）增压系统

包括进排气管系,用于进一步提高柴油机做功能力。

低速十字头式二冲程柴油机如图 2 - 12 所示。

2. 船用柴油机部件实物

船用柴油机整体外观如图 2 - 13 所示。

柴油机的固定部件中机架与机座构成了柴油机的骨架与箱体。机座位于柴油机的下部,是所有机件安装的基础,柴油机也靠它安装到船体上。它是主轴承及曲轴安装的依据,又是曲轴箱下半空间及润滑油回流汇集空间。机座是整台柴油机的基础,其结构包括机座下平面、机座地脚螺栓、机底壳、机座上平面和机座水平调整螺栓等几部分组成。机座如图 2 - 14 所示。

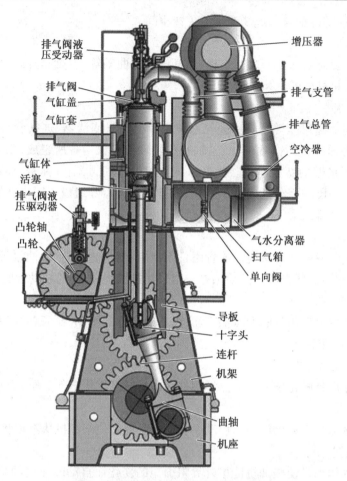

排气阀液压受动器
排气阀
气缸盖
气缸套
气缸体
活塞
排气阀液压驱动器
凸轮轴
凸轮
增压器
排气支管
排气总管
空冷器
气水分离器
扫气箱
单向阀
导板
十字头
连杆
机架
曲轴
机座

图 2 - 12　低速十字头式二冲程柴油机

图 2 - 13　船用柴油机

图 2 - 14　机座

机架内部安装导板、凸轮轴等,外侧还装有扫气箱和高压油泵等机件设备。机架,是柴油机机身的一部分,如图 2 - 15 所示。

图 2 - 15　机架

气缸套,气缸套是构成燃烧室工作循环空间的机件之一。在大功率船用柴油机中,与活塞组成"滑阀"起配气作用。气缸套如图 2 - 16 所示。

图 2 - 16　气缸套

气缸体,顾名思义,是用于安装固定气缸套的。气缸体如图 2 - 17 所示。

图 2-17 气缸体

气缸盖是柴油机中结构最复杂的零部件之一。气缸盖除了封闭气缸工作空间和组成燃烧室外,还被用来安装喷油器、进排气门、启动阀、示功和安全阀等;其内部还设有进、排气通道和冷却水腔;在采用分隔式燃烧室时,还需设置副燃烧室。气缸盖如图 2-18 所示。

图 2-18 气缸盖

活塞的主要功能是与气缸和气缸盖等组成封闭的燃烧室空间,承受气缸内气体的机械应力和热应力,并将其传递给连杆;在二冲程柴油机中,还要起开启、关闭气口的"滑阀"作用。十字头式活塞组要由活塞头、活塞裙、活塞杆、承磨环、活塞环和冷却装置组成。活塞如图 2-19 所示。

活塞头如图 2-20 所示。

低速大型柴油机大都采用十字式连杆,它主要由连杆体、小端轴承、大端轴承、大小端连杆螺栓、调整垫片等组成。有的大小端轴承也采用轴瓦结构,这样可以选用高强度承磨合金,提高承压强度,而且磨损后修理及更换方便。连杆如图 2-21 所示。

图 2 – 19　活塞

图 2 – 20　活塞头

图 2 – 21　连杆

　　十字头由45#锻钢制成。十字头中部被设计成一个轴颈,该轴颈安装十字头轴承,十字头其径向中间部分的两端被设计成轴颈,滑块与两端轴颈的配合为滑动配合。十字头如图2－22所示。

图2－22　十字头

　　对于二冲程十字头式柴油机连杆,上端连接十字头,下端连接曲柄销。将作用在活塞上的气体压力和惯性力传给曲轴,并把活塞和十字头与曲轴连接起来,将活塞的往复运动变成曲轴的回转运动。连杆十字头总成如图2－23所示。

图2－23　连杆十字头总成

　　曲轴是柴油机最重要的零部件之一。曲轴主要由主轴颈、连杆轴颈、曲柄、平衡重和后端等组成,一个连杆轴颈、左右两个曲柄和左右两个主轴颈构成一个曲拐,形状结构较复杂。曲轴如图2－24所示。

图2－24　曲轴

3. 现代船用大型低速柴油机的结构特点

①采用长行程或超长行程；

②采用定压涡轮增压系统和高效率废气涡轮增压器；

③增大压缩比，提高最高爆发压力；

④燃烧室部件普遍采用钻孔冷却结构；

⑤采用旋转式排气阀及液压式气阀传动机构；

⑥采用可变喷油定时机构；

⑦采用薄壁轴承；

⑧曲轴上安装轴向减震器；

⑨焊接式曲轴；

⑩轴带发电机。

2.3　船用柴油机工作原理

1. 柴油机的基本工作原理

柴油机的基本工作原理是采用压缩发火，使燃料在气缸内部燃烧，以高温、高压的燃气工质在气缸中膨胀推动活塞做往复运动，再通过活塞—连杆—曲柄将往复运动变成曲轴的回转运动，从而带动工作机械。

柴油机必须经过进气、压缩、燃烧、膨胀和排气五个过程才能完成了一个工作循环。然后不断重复进行这些过程，使柴油机持续工作。柴油机工作过程示意图，如图 2 - 25 所示。

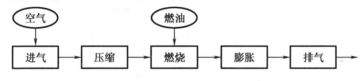

图 2 - 25　柴油机工作过程示意图

由这五个过程组成的全部热力循环过程叫工作过程。进气、压缩、膨胀、排气等工作过程的周而复始的循环叫工作循环。

1. 二冲程柴油机的基本工作原理

概念：两个行程（曲轴回转一转）完成一个工作循环。曲轴与凸轮轴转速之比为 1:1。活塞在两个行程内完成一个工作循环的柴油机叫作二冲程柴油机。其扫排气过程为 120 ~ 150 ℃A，进气必须增压以利于换气。

（1）进气及压缩行程

活塞由下止点向上运动。在活塞遮住进气口之前，新鲜空气通过进气口充入气缸并将气缸内的废气经排气口驱除出去。进气口完全遮蔽时，停止进气，排气口被遮蔽后开始压缩。

（2）燃烧膨胀及排气行程

活塞由上止点向下运动。高温高压的燃气膨胀推动活塞下行做功，当活塞下行将排气口打开时，气缸内燃气借助气缸内外的压差经排气口高速排出，当缸内压力下降到接近扫气压力时，下行的活塞将进气口打开，进行扫气。

二冲程柴油机工作原理分析如下,如图 2 - 26 所示。

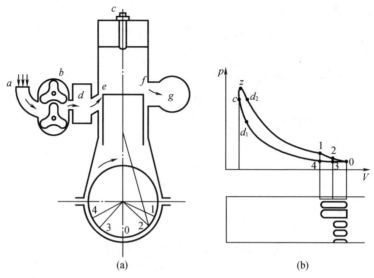

(a)　　　　　　　　　　　　　(b)

图 2 - 26　二冲程柴油机工作原理图

①换气—压缩行程:换气,0—3—4,压缩,4—c;

②膨胀—换气行程:燃烧膨胀,c—z—1,排气过程,1—2—0。

2. 二冲程柴油机的换气形式

二冲程柴油机的换气形式如图 2 - 27 所示。

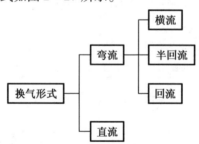

图 2 - 27　二冲程柴油机的换气形式

(1)横流

特点:缸盖上没有进、排气阀,扫、排气口分别布置在气缸两侧,排气口高于扫气口。

优缺点:

①无排气阀,结构简单,管理方便;

②换气质量差,气体流动路线长,弯曲转向,阻力大;

③缸套下部两侧受热温度不同,易产生变形;

④缸套易产生偏磨,在扫气压力作用下会将活塞压向排气口一侧;

⑤增压系统布置较困难;

⑥存在过后排气损失。

(2)回流扫气

特点:缸盖上没有进、排气阀,扫、排气口分别布置在气缸同一侧,排气口高于扫气口,扫气口向下倾斜,活塞制成凹顶。

(3)半回流(新横流)扫气

兼有横流和回流扫气的特点。缸盖上没有进、排气阀,扫、排气口分别布置在气缸同一侧,排气口高于扫气口,在排气管中装有回转控制阀。

(4)直流扫气

特点:缸盖上设有排气阀,扫气口均匀分布在气缸下部一周,扫气口有水平和垂直方向倾斜。

优缺点:

①设有排气阀,结构复杂,管理麻烦。喷油器布置困难。

②气体流动路线短,阻力小,换气质量好。

③缸套下部受热均匀,不会变形,活塞与缸套间磨损均匀(因扫气压力均匀作用在活塞外圆上)。

④扫气口总宽度比弯流式大,流通能力强。

⑤排气阀正时可调,可避免过后排气损失。

二冲程机换气质量从好到坏依次为:直流、横流、半回流、回流。

直流扫气成为现代船用大型柴油机的主要换气形式。

2.4　本 章 小 结

本章简要说明了船舶结构,船舶的基本组成,船舶设备布置图,船舶主机。介绍了低速柴油机结构组成。简要阐述了船用柴油机工作原理,具体说明了二冲程柴油机的基本工作原理。

思　考　题

1. 说明船舶的基本组成。

2. 简要说明船舶主机、曲轴和轴系的作用。

3. 柴油机的基本组成有哪些?

4. 简要说明气缸套、机座、活塞的主要功能。

5. 说明十字头式活塞组的组成。

6. 叙述曲轴主要组成。

7. 论述柴油机的基本工作原理。

8. 柴油机的工作过程和工作循环是什么?

9. 阐述二冲程柴油机的基本工作原理。

10. 说明二冲程柴油机的换气形式。

第3章 船用低速柴油机典型 零件机械加工工艺

3.1 引 言

连杆是活塞(十字头)与曲轴之间的连接件,如图3-1所示。通过连杆,将活塞的往复直线运动转变为曲轴的回转运动。通过连杆,把作用在活塞上的气体力和惯性力传递给曲轴,使曲轴对外输出功。柴油机工作时连杆承受由活塞传来的气体压力和活塞连杆组的往复惯性力的作用。连杆的十字头端、曲轴端与十字头销、曲柄销产生摩擦与磨损。

十字头是船用低速柴油机两大重要运动件(连杆、活塞杆)之间的连接销轴,如图3-1所示。不仅表面质量要求较高(粗糙度要求 $Ra0.05$,圆柱度允差在 $0.01\sim0.02$),而且内部设计有繁杂的油道孔,MAN B&W 的 50 机还需要表面淬火,加工难度较大。不仅包括冷热加工,在各个环节中还需各种检验。

活塞杆是低速船用柴油机的三大运动件之一,如图3-1所示。它属于长轴类零件。是连接活塞和十字头的重要部件。在主机运行时,它做直线往复运动,将推动活塞头的爆炸压力传递给十字头,使主机运行。

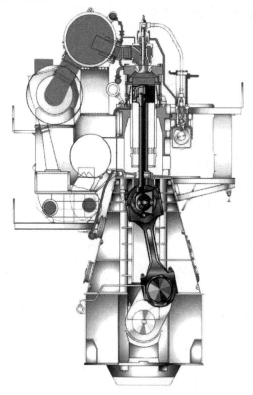

图3-1 连杆、十字头及活塞杆

3.2　连杆的机械加工工艺

3.2.1　连杆加工说明

按《零件加工工艺流程卡》进行工序流转、签字确认。《零件加工工艺流程卡》主要是为各工序转序提供书面签字确认平台。在实际加工中不作为主要加工工艺说明。连杆零件加工工艺流程卡,见表 3 - 1。

表 3 - 1　连杆零件加工工艺流程卡

机型	S50ME - B	机号		零件加工工艺流程卡				
名称	连杆	工艺卡号		图号				
材料	20	编制		日期		审定		日期	
工序号	机床号	工艺流程内容			炉号/操作者(日期)			检验员
	工种							日期
0		毛坯为锻件,经粗加工、超声波探伤,材料合格,证件齐全						
1	平台	1. 检查毛坯余量						
		2. 画找正线						
		3. 十字头端画顶尖孔线						
		4. 曲轴端画连接孔线						
2	T6112	1. 十字头端加工顶尖孔						
		2. 曲轴端连接孔处加工工艺孔						
3	NC61160	车旋转部分成品						
4	钳工	移炉号						
5	TK21100	钻深孔成品						
6	GMC40160	1. 粗铣上部仿形						
		2. 粗铣下部仿形						
		3. 粗镗两轴承孔						
7	GMC40160	1. 铣下部仿形成品						
		2. 铣上部仿形成品						
		3. 铣两瓦孔内油槽成品						

表 3 − 1(续)

工序号	机床号 工种	工艺流程内容	炉号/操作者(日期)			检验员 日期
8	TH6516	1. 铣曲轴端瓦口面成品				
		2. 加工曲轴端压瓦螺钉孔成品				
		3. 钻镗曲轴端销孔成品				
		4. 钻曲轴端连接孔成品				
		5. 钻镗十字头端销孔成品				
		6. 加工十字头端压瓦螺钉孔成品				
		7. 十字头端连接螺栓孔底孔、空刀				
		8. 十字头端瓦孔面成品				
		9. 两侧吊装孔成品				
		10. 镗过渡圆弧成品				
9	Z30100	十字头端连接螺栓孔攻丝				
10	钳工	安装两轴承盖				
11	FBC200r	镗两轴承孔成品				
12	钳工	清理、保养				
13	检验	磁粉探伤				

在实际生产过程中,需要按《机械加工部件加工工序卡》进行施工。在《机械加工部件加工工序卡》中要求了加工部位、加工工序;并对机床(设备)、刀具、量具、工装做了说明;同时还提供了切削参数以供参考。

3.2.2　连杆加工工艺过程及分析

0. 毛坯

连杆毛坯为锻件。如今,连杆材料为 20,20 材料的零件加工较为困难,在铣削加工时,对刀具的磨损剧烈。连杆毛坯来料前,都经粗加工。轴向尺寸留 5 mm 加工余量,径向尺寸留 ϕ10 mm 加工余量。连杆毛坯在锻造时,因经过气锤的轰击,材料内部存有大量的应力。所以在毛坯锻造后,需经退火处理,以消除大部应力。这主要是防止连杆与曲轴装配后的残余应力使曲轴产生变形。

粗加工,毛坯提供方需按提供的粗加工图,对连杆进行粗加工。连杆粗加工如图 3 − 2 所示。在粗加工图中,明确了加工基准,各部位的加工尺寸,及各部位形位要求。粗加工后还需进行正火处理,进一步消除材料的内部应力。正火处理后,需要经平台画线验证工件的几何形状符合粗加工图纸要求。

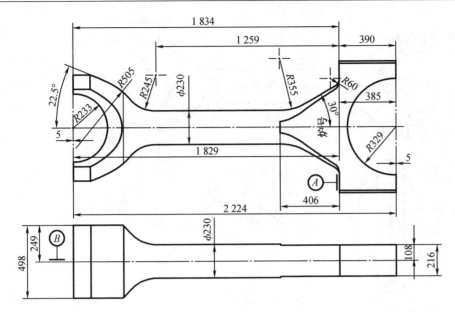

图 3 - 2　连杆粗加工

炉号,表示本工件经船级社认证,经船检人员确认。炉号在工件转运、加工过程中不允许脱离工件,直至最终装配、使用。炉号是该工件的唯一"身份"确认信息。

1. 平台画线

毛坯进入加工部后,首先需要进行平台画线。平台画线如图 3 -3 所示。

主要工序为:

(1)确认毛坯各部位是否留有足够的加工余量;

(2)为下道工序画出找正基准线;

(3)十字头端瓦孔内画车床用顶尖孔线,曲轴端瓦口面画工艺孔线。

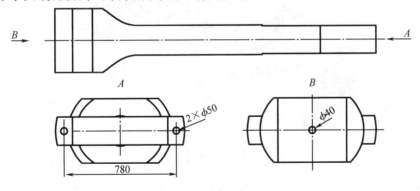

图 3 -3　平台画线

2. 镗床加工顶尖孔、工艺孔

平台画线后,由镗床按基准线找正后,在十字头端瓦孔内加工车床用顶尖孔 $\phi40$;在曲轴端瓦口面上加工 $2\times\phi50$ 工艺孔。镗床加工顶尖孔、工艺孔,如图 3 -4 所示。

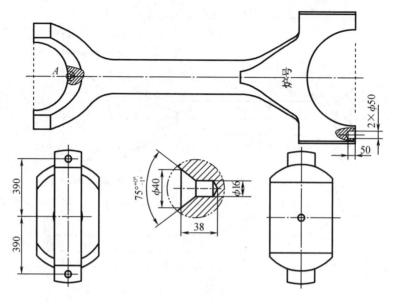

图 3 - 4　镗床加工顶尖孔、工艺孔

根据工件质量应选用不同规格的顶尖孔,本型号连杆质量约为 1 600 kg。选用的 A16 顶尖孔,承重为 2 500 kg。曲轴端瓦口面上的工艺孔,主要为后续铣床工序装夹使用。

3. 卧式车床车旋转部分成品

车床卡盘爪安装专用夹具,尾座支撑,按成品尺寸车各部成品。连杆在卧式车床上的装夹示意图,如图 3 - 5 所示。

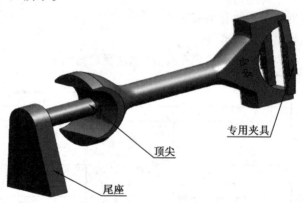

图 3 - 5　车床装夹示意图

因连杆的旋转部分外形较为复杂,需计算各坐标点后,编制数控加工程序,以完成车床工序的加工任务。检查两端瓦孔位置,夹曲轴端,按双中心线找正,尾座支撑,车曲轴端瓦背面,并以此面为基准,其余部分按图 3 - 5 全部车成品。旋转部分成品,如图 3 - 6 所示。

4. 钳工移炉号至指定位置

因后续工序需加工现在炉号所在位置,为保证炉号在加工过程中不脱离工件,需要钳工将炉号(钢印)在最终位置重新打印。炉号位置示意图,如图 3 - 7 所示。

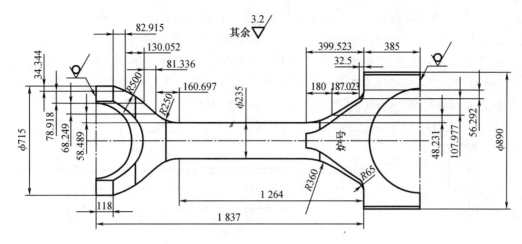

图 3 - 6　旋转部分成品

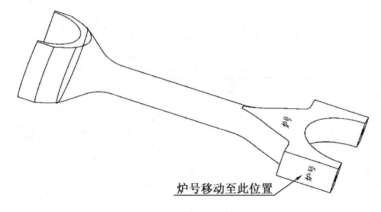

图 3 - 7　炉号位置示意图

5. 钻深孔成品

以十字头瓦口面为基准,钻 φ39 深孔成品。钻深孔成品示意图,如图 3 - 8 所示。孔径为 φ39,孔深将近 1 600 mm。长径比达到了 41,属于超深孔加工。需专用深孔车床、专用深孔喷吸钻头加工该孔。

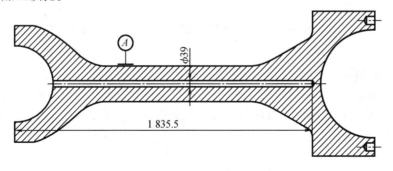

图 3 - 8　深孔示意图

6. 连杆输出端扁面及仿形粗铣

连杆经以上工序加工后,已经为本工序的加工提供了必要的条件。如钻床加工的曲轴端工艺孔,可为本工序提供曲轴端的装夹位置;深孔工序已加工成品的深孔,可为十字头端提供装夹位置;车床工序已将旋转部分全部车成品,可为本工序提供找正、加工的基准。

因仿形部分形状、加工路线较为复杂,使用数控铣床加工较为合理。如今,采用数控编程,以使加工中冗余路径尽量减少,从而提高加工效率。需要事先在电脑上模拟加工路径,以尽量减少路径冗余。仿形加工路线示意图,如图3-9所示。

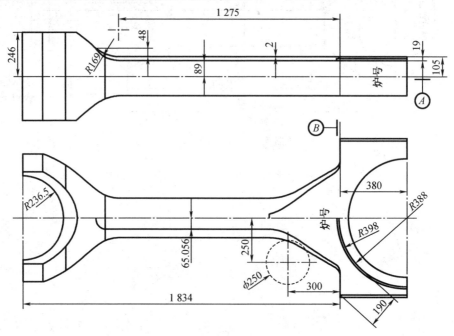

图3-9　仿形加工示意图

在图3-9中,明确了加工基准、加工的各部位需要达到的尺寸,刀具跑位的坐标,以及其他一些编程中需要的数据。因本工序需要切除大量多余材料,加工过程中会产生大量的热,发生热变形。同时,工件内部也会释放较大的应力,进一步促使零件变形。所以,在本工序,各扁面应留2.5 mm余量。其中2 mm为工件变形预留的余量;0.5 mm为后续精加工留有的精加工余量。输出端仿形粗铣时,如图3-10所示,应达到图3-10中的各个尺寸要求。

建议:同批(5~7件)连杆,输出端全部粗加工完毕后,再按顺序进行自由端仿形的粗铣,为工件提供尽量多的时效时间。

7. 连杆自由端扁面及仿形粗铣、两轴承孔粗加工

输出端扁面粗铣并经一段时间时效后,可对自由端扁面及仿形进行粗铣。因连杆为中心对称工件,所以自由端扁面的粗铣与输出端完全相同。这里不再赘述。自由端扁面及仿形粗铣如图3-11所示。

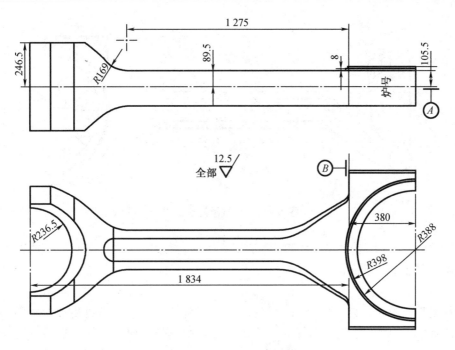

图 3 - 10　输出端仿形粗铣

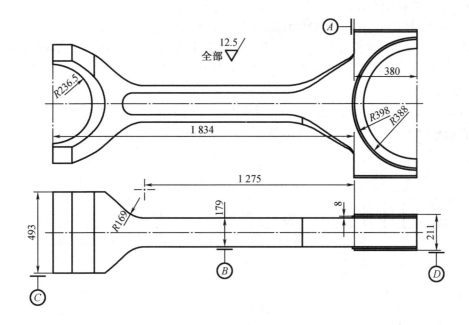

图 3 - 11　自由端扁面及仿形粗铣

　　自由端扁面的粗铣后,通过更改装夹位置,可对十字头端轴承孔、曲轴端轴承孔进行粗加工。两轴承孔粗加工,如图 3 - 12 所示。

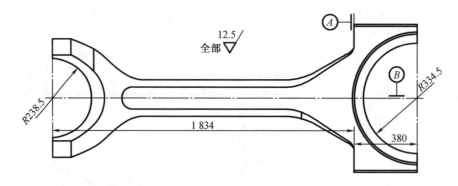

图 3 – 12　两轴承孔粗加工

建议:同批(5~7件)连杆,本工序粗加工完毕后,再按顺序进行下面的精加工工序,为工件提供尽量多的时效时间。

8. 时效

时效处理是将工件自然放置 12 小时以上。之前各工序去除了大量的多余材料,工件内部应力的释放、工件装夹变形、加工中产生的大量切削热都会使得工件变形,同时也有部分应力未得到释放。本工序主要目的是让工件应力得到进一步释放,以保证后续的精加工后工件的变形量能控制在容许范围内。

9. 自由端、输出端扁面及仿形的成品加工

因上道工序加工后为自由端向上,所以本工序选择先将此端的各部仿形加工成品,以减少一次工件翻转。其实,首先选择加工输出端仿形各部更符合加工工艺的要求。自由端仿形各部成品如图 3 – 13 所示。

在加工此面时,因没有较为可靠的尺寸基准,所以加工量只能依据上道工序预留的量。即各部铣削量约为 2.5 mm。本工序需要保证各面的高低差,以为后续加工提供较为精准的基准面。

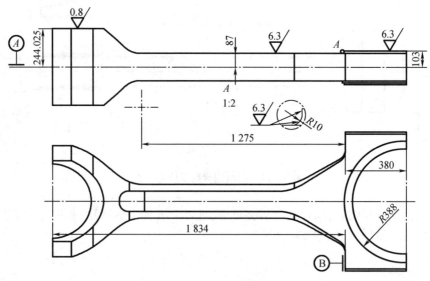

图 3 – 13　自由端仿形各部成品

十字头各面加工成品后,加工 $R10$ 圆根成品,加工时应精确对刀,以保证 $R10$ 圆根尽量与平面相切。十字头端扁面油槽及自由端 $R170$ 过渡圆弧如图 3 – 14 所示。

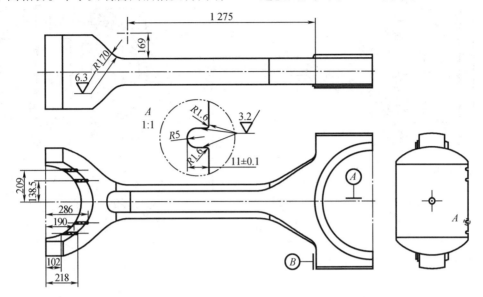

图 3 – 14　十字头端扁面油槽及自由端 $R170$ 过渡圆弧

自由端扁面、仿形、油槽及过渡圆弧加工成品后,工件翻转,以已成品的自由端为加工基准,加工输出端各部成品。

因十字头端、曲轴端的扁面高低差经上步加工,尺寸较为可靠,可使用高低差垫铁。以节省找正时间,并为工件提供较为牢靠的装夹点。在输出端各面加工过程中,应首先将十字头扁面加工成品,并控制十字头端厚度尺寸公差要求。然后加工其余各面,并控制各部尺寸。

本面其余的加工步骤与自由端面的各部基本相同。

10. 两轴承孔内油槽的加工

加工两轴承孔油槽时,需要综合考虑现有刀具、刀杆和油槽轮廓拐角半径,使它们之间不会产生干涉现象。两轴承孔内油槽如图 3 – 15 所示。

曲轴端油槽中间位置凸起部分,为满刀切削(即需加工的圆弧轮廓半径等于或接近于刀具半径),此时切削抗力较大,对刀杆产生较大的扭矩。同时刀具会产生振动,会对加工表面、刀具产生较为严重的损坏。其他各处的圆弧过渡处同样存在此类情形。

为保证各槽的加工质量、减少刀具损坏率,编程时,需要分为粗铣加工和成品加工。粗加工时,在槽的深度方向需要多次进刀,每次进刀量需选择较为合适的切深。可通过比例缩放或者坐标偏移来实现。精加工槽底及槽壁时,应选择先加工下侧壁成品,然后再加工上侧壁成品。这样可以保证槽中残留铁屑不会粘连刀具,从而影响槽的表面质量。

11. 曲轴端瓦口面各孔的加工

首先需要以曲轴端瓦背面为尺寸基准,铣瓦口面,留0.05左右精加工余量。目的是:为保证各孔的加工深度尺寸,提供一个较为精准的基准平面;为之后的瓦口面成品留有精加工余量。曲轴端瓦口面及压瓦螺钉孔加工示意图,如图 3 – 16 所示。

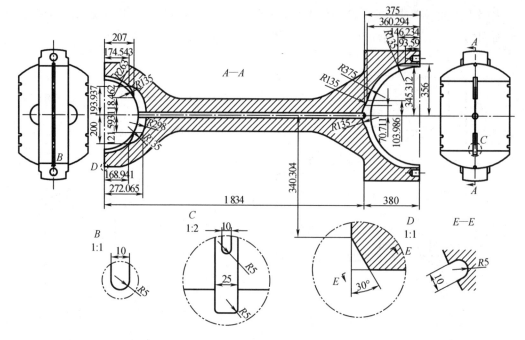

图 3 – 15　两轴承孔内油槽

　　然后根据图纸将压瓦螺钉孔加工成品。这里需要说明的是,加工压瓦螺钉孔时,应先将螺纹底孔钻出,然后才加工 $\phi 25$ 的平底孔。因为加工平底孔需要使用键槽铣刀,而键槽铣刀在进行轴向进给时,中心部位的线速度几乎为 0,几乎不参与铣削。

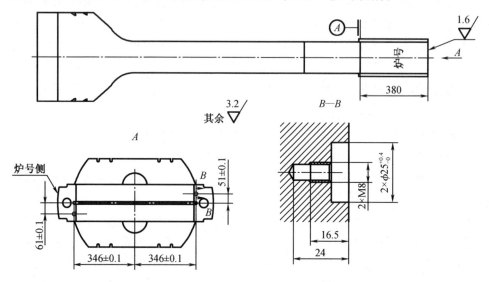

图 3 – 16　曲轴端瓦口面及压瓦螺钉孔加工示意图

　　加工定位销孔和连接螺栓孔。曲轴端销孔及连接螺栓孔如图 3 – 17 所示。在加工定位销孔时,要求执行钻、扩、镗等方式,不允许使用铰刀加工销孔成品。因为销孔是安装轴承盖时作为定位使用,其位置精度决定了两工件是否能够顺利安装。各孔加工成品后,精铣瓦口面,将加工各孔时孔周围产生的塑性变形量去除,以得到较为平整的平面。

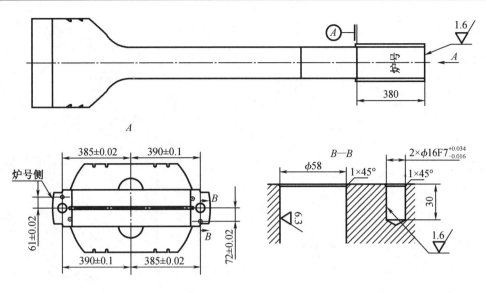

图 3 – 17　曲轴端销孔及连接螺栓孔

12. 十字头端瓦口面各孔加工

十字头端压瓦螺钉孔的加工与曲轴端的加工方式完全相同。十字头端压瓦螺钉如图 3 – 18 所示。

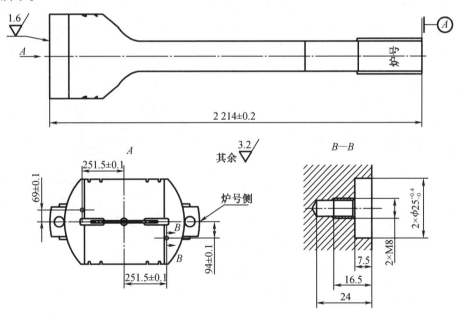

图 3 – 18　十字头端压瓦螺钉示意

十字头端定位销孔的加工方式与曲轴端相同,但需要注意的是,销孔的公差要求不同。十字头端销孔及连接螺栓孔如图 3 – 19 所示。加工螺纹底孔时,应注意保证孔底 118° 要求。

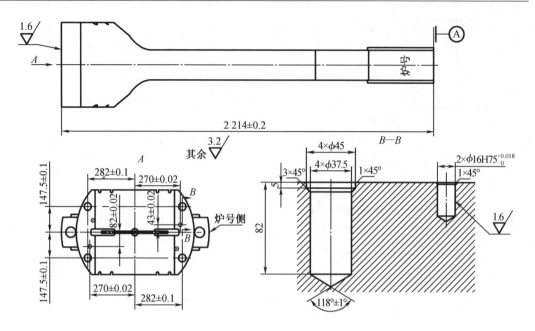

图 3 – 19　十字头端销孔及连接螺栓孔

13. 燃油侧/排气侧吊装孔加工

因是在弧面上加工吊装孔,所以,需首先将弧面划平。划平时,如使用方肩铣刀铣平。燃油侧/排气侧吊装孔如图 3 – 20 所示。注意,划平后划平表面的中心会有凸起,应使用键槽铣刀将凸起处铣平,之后才可进行钻孔。

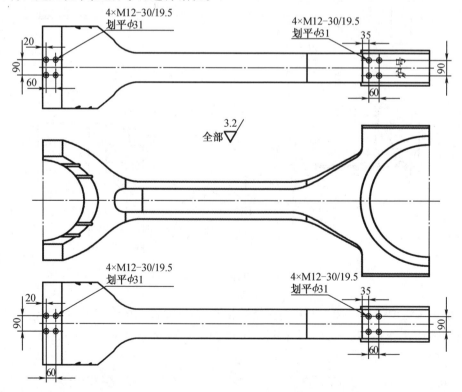

图 3 – 20　燃油侧/排气侧吊装孔

14. 钻床攻螺纹

十字头端 4 个连接螺纹孔的螺纹,由钻床加工成品。十字头端连接螺纹孔攻丝如图 3 – 21 所示。在攻螺纹时,曲轴端瓦口面向下,因此时该面已经是成品,应注意保护此面,以免有所损伤。

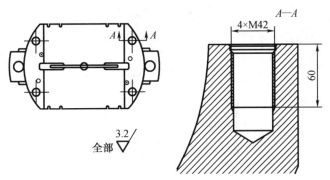

图 3 – 21　十字头端连接螺纹孔攻丝

15. 钳工安装两轴承盖

首先,将螺栓分别植入连杆的十字头端和曲柄销轴承盖的连接螺栓孔内,并使用力矩扳手上紧螺栓,上紧力矩为 680 N·m。然后将定位销分别装入连杆的十字头端和曲柄销轴承盖的销孔内。轴承盖安装后,使用液压拉伸器上紧螺母。液压拉伸压力为 1 500 bar。液压拉紧时,曲轴端两螺栓应同时同压拉紧;十字头端 4 螺栓应以对角方式同时同压拉紧。钳工安装轴承盖如图 3 – 22 所示。

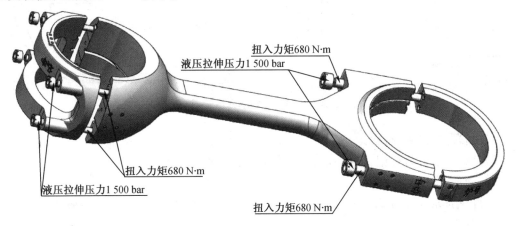

图 3 – 22　钳工安装轴承盖示意

16. 镗两轴承孔成品

本型号连杆,孔径较小,可在镗床上执行镗孔工序。V 形铁支撑示意图,如图 3 – 23 所示。

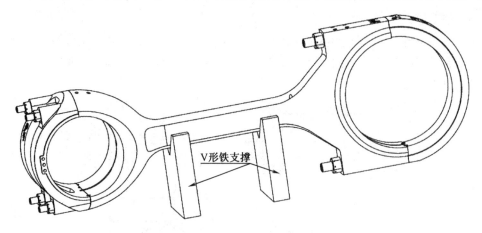

图 3 – 23　V 形铁支撑示意图

镗孔时,轴承孔轴线要与主轴轴线平行。需要使用工装辅助装夹。镗轴承孔示意图,如图 3 – 24 所示。2 个轴承孔 $\phi483$,$\phi675$ 粗镗后,应用手感觉工件的表面温度,如温度过高,应待工件与室温相同后,再进行成品加工。

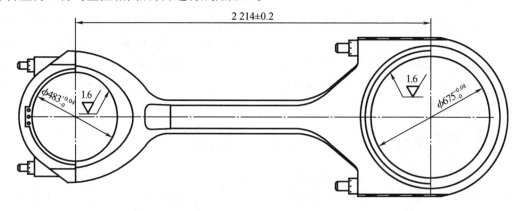

图 3 – 24　镗轴承孔示意图

17. 清理、去飞刺、打标记

清理、去飞刺、打标记,根据内孔表面粗糙度情况进行研磨抛光。

18. 探伤

工件全部加工成品后,应由专业人员对工件的各部位进行磁粉探伤,以确定工件内部无裂纹、暗伤。

3.3　十字头的机械加工工艺

3.3.1　十字头加工说明

十字头,是船用低速柴油机两大重要运动件(连杆、活塞杆)之间的连接销轴。不仅表面质量要求较高(表面粗糙度要求 $Ra0.05$,圆柱度允差在 $0.01 \sim 0.02$),而且内部孔系较繁杂,B&W 的 50 机还需要表面淬火,加工难度较大。不仅包括冷热加工,各种检验也分布在各个环节中。下面以 S50ME – B 机十字头为例加以介绍。十字头零件加工工艺流程卡,见表 3 – 2。

表 3 – 2　十字头零件加工工艺流程卡

机型	S50ME – B	机号				零件加工工艺流程卡			
名称	十字头	工艺卡号				图号			
材料	45	编制		日期		审定		日期	
工序号	机床号	工艺流程内容				炉号/操作者(日期)		检验员	
	工种							日期	
0		毛坯为锻件,经粗加工、超声波探伤,材料合格,证件齐全同时发图							
1	平台	1. 检查毛坯余量							
		2. 画腰线及两端中心孔线							
2	MEC5	1. 两端加工顶尖孔							
3	C61125A	粗车外圆							
4	热处理	外圆表面淬火							
5	MEC5	粗铣两端面							
6	平台	1. 画十字中心线							
		2. 画两端面各孔孔线							
7	T6112	钻深孔成品							
		加工两端孔成品							
8	Z3080	攻两端 G2 – 1/4 管螺纹成品							
9	钳工	安装顶胎							
10	C61125A	1. 车两端面及倒角成品							
		2. 修正两端顶胎上的顶尖孔							
11	M1380A	粗磨外圆							
12	钳工	移炉号							
13	平台	1. 画十字中心线及槽底加工线							
		2. 画外圆上周边孔孔线							
14	MEC5	粗铣凹槽面							
15	TX6111T	1. 铣凹槽面成品							
		2. 钻凹槽面上中心孔成品							
		3. 凹槽面上其余各孔引窝							
		4. 外圆上周边孔引窝							
16	TX6111T	外圆上周边孔加工							
17	Z3080	凹槽内孔成品							

表 3 – 2(续)

工序号	机床号	工艺流程内容	炉号/操作者(日期)			检验员
	工种					日期
18	中钳	1. 清理,打标记				
		2. 上压盖				
19	C61125A	校核顶胎				
20	M1380A	按工艺要求磨外圆成品				
21	检验	磁粉探伤				
22	TX – 007A	超精磨削外圆成品				
23	中钳	1. 去压盖,顶胎,修磨成品				
		2. 按要求防护				

3.3.2 十字头加工工艺过程及分析

0. 毛坯分析

十字头材料为45#钢,锻造毛坯。毛坯须经正火处理,硬度要求 HB170 – 210,并按"十字头质量规范"要求核对毛坯化学成分报告,机械性能试验报告,超声波探伤试验报告,炉号标记等。在毛坯图设计时需指明炉号标记处,如图3 – 25 所示。

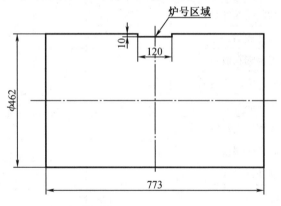

图3 – 25   十字头毛坯图

1. 画线

上平台,画线员检查毛坯加工余量,画腰线和两端顶尖孔线。如图3 – 26 所示,顶尖孔还承担着淬火时的定位孔和吊装孔的功能。

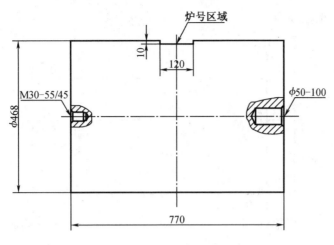

图 3 - 26　平台画线

2. 顶尖孔加工

上镗床,V 形铁支撑,按线找正,加工两端顶尖孔 M30 和 ϕ50 成品。顶尖孔加工按附图进行,如图 3 - 27 所示。两端顶尖孔应一次定位加工成品。

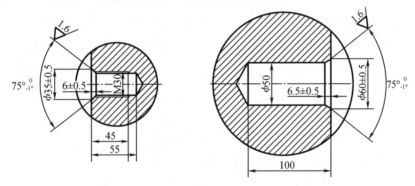

图 3 - 27　顶尖孔加工

3. 粗车外圆

一般采用卧式车床车削外表面至 $\phi459^{0}_{-0.1}$。由于需要表面淬火,因此必须合理分配加工余量,既要保证淬硬层深度,还要保证磨削余量。轴向尺寸应以加工出的凹槽分中。此时两端亦应保证足够的余量,配合热处理车间完成表面淬火。

4. 热处理

根据规范要求,采用中频感应外圆表面淬火工艺;外圆表面淬火硬度在 420 ~ 580 HV20,淬硬层深度保持在 3 ~ 5 mm。

5. 粗铣两端面

由于两端面的余量较大,由铣床粗加工,各留 1 mm 余量。工件上 V 形铁,按侧母线找正,按 758 ±0.2 铣两端面成品,如图 3 - 28 所示。

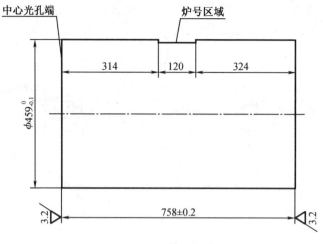

图 3-28　粗铣两端面

6. 平台画线

在平台上按图和已粗加工的凹槽面,画两端十字线和各孔加工线。

7. 两端面中心孔加工

上 V 形铁,按侧母线找正,钻 ϕ63 深孔成品,镗两端 60° 及 120° 坡口成品。由于中心孔的长径比大于 10,贯穿的 ϕ63 孔必须采用深孔加工方式加工。采用喷吸钻方式加工深孔成品,如图 3-29 所示。

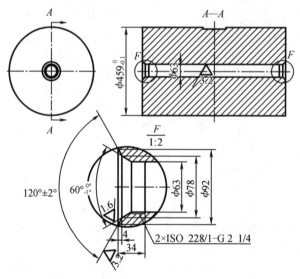

图 3-29　中心深孔加工

8. 一端面深孔加工

钻 ϕ32 深孔成品,镗 15° 坡口成品。由于油孔的长径比大于 10,必须采用深孔加工方式加工。两个 ϕ32-398 孔,采用喷吸钻方式加工深孔成品,如图 3-30 所示。

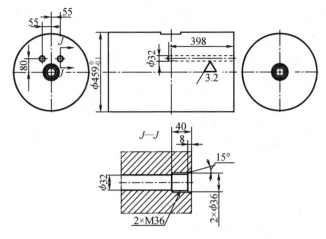

图 3 – 30　端面深孔加工

9. 两端面其余各孔加工

钻、攻 2 × M16 – 30/18 螺孔成品：①钻、攻 2 × M16 螺孔；②2 × φ18 空刀成品。螺纹孔只加工底孔，攻丝由钻床完成。

10. 两端面中心丝孔加工

工件立起，置于工作台上，按端面找正，根据底孔位置攻丝两端的 G2 1/4 和两个 M36 螺孔成品。攻 2 × G2 1/4 螺孔成品，攻 2 × M36 螺孔成品。

11. 安装顶胎

由于顶尖孔较大，无合适的顶尖胎与之相配，必须增加顶胎。

12. 顶尖孔及端面加工

在车床上中心架支撑，按外圆找正，车一端面成品，并修正顶尖孔。调换工件端面，按成品端面找正，车另一端面成品，并修正顶尖孔。如图 3 – 31 所示，车尺寸 $756^{+0.2}_{+0.1}$ 两端面成品，车两端 1 × 45° 倒角成品，修正两端顶胎上 60° 坡口。

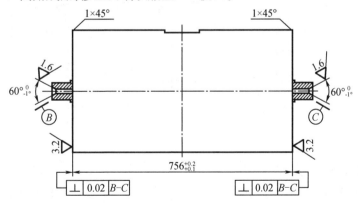

图 3 – 31　顶尖孔及端面加工

13. 粗磨外圆

以成品的两端面为基准，按外圆及两端面找正，两端面与轴线垂直度小于 0.02，直径留 0.5 ± 0.02 mm 余量，粗磨外圆表面至 $φ458.5 \pm 0.02$，并将尺寸记录于工件外圆表面上，以备加工凹槽时使用,如图 3 – 32 所示。

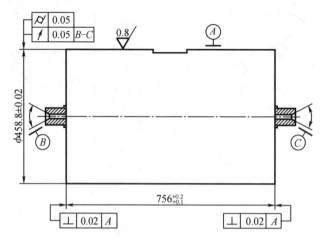

图 3 – 32 粗磨外圆

14. 钳工

按图,参照十字线,将炉号移至前端。在此过程中必须有船级社的人员在场确认。

15. 平台画线

按图和十字线完成周边孔的画线。

16. 粗铣凹槽面

由于淬火后表面硬度较大,加工困难,产生的应力变形较大,因此选用普通精度的镗床按外圆垂直水平方向找正,两端面分中,粗铣凹槽,单边留 3 mm 余量,如图 3 – 33 所示。

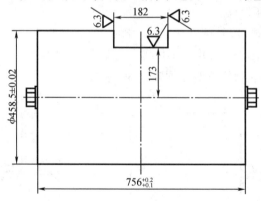

图 3 – 33 粗铣凹槽面

17. 精铣凹槽面

由高精度镗床,按外圆、端面和十字线找正,铣凹槽面成品。粗铣槽宽及深度方向各留 0.1 ~ 0.2 mm 余量,注意留 R2.5 圆根。精铣槽宽成品,精铣槽底成品。加工槽底 R2.5 圆根成品,加工凹槽两端 5 × 30°倒角成品。凹槽加工如图 3 – 34 所示。

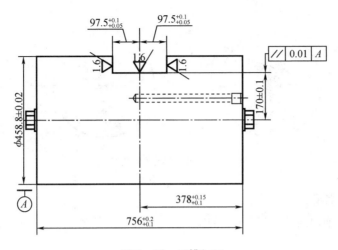

图 3 - 34　凹槽加工

加工过程中应注意加工顺序。如在完成凹槽各面的粗加工后,先加工两侧边成品,倒角成品,最后精加工底面成品。避免因重复走刀伤及成品表面。

18. 加工凹槽面上中心孔

钻凹槽面上 $\phi45$ 孔成品,加工 $\phi60_0^{+0.03}$ 孔;孔口倒角 $1 \times 45°$ 成品。加工凹槽面上中心孔,如图 3 -35 所示。

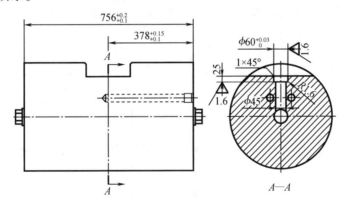

图 3 -35　加工凹槽面上中心孔

接着由高精度镗床,钻扩中间孔成品,镗活塞杆定位孔成品,为凹槽面上其他孔和外圆上周边孔引窝。

19. 外圆上周边孔加工

由普通镗床,工件立起,按线找正,加工周边孔成品,如图 3 -36 所示。为保证孔的加工质量,应采用钻扩各孔成品。对于通过中心的孔应采用中心钻引窝;对于不通过中心的应采用双刃铣刀划平,再用中心钻引窝,以保证孔的位置精度。

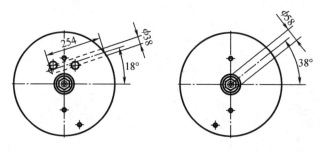

图 3 - 36　外圆上周边孔加工

20. 凹槽面上各孔加工

上钻床,按凹槽面找正,按镗床引的窝,加工凹槽面上的各孔成品。

21. 中钳

中钳将凹槽面清理、去飞刺,修整完毕后,装配磨削压盖,使得整个外圆质量基本一致,确保磨削质量。

22. 顶尖孔修正

中心架支撑,按外圆找正,修正两端顶胎上 60°坡口。

23. 精磨外圆

在 M1380A 外圆磨上,顶尖支撑,按外圆和端面找正,精磨外圆至 $\phi458\pm0.01$ 成品,如图 3 - 37 所示。磨削前应先检查顶尖与外圆的位置精度,如未达到要求应返车床修正。

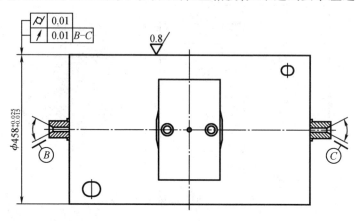

图 3 - 37　磨削加工

一般磨床的磨削速度是固定不变的,因此应按照先选较大的工件速度,再选轴向进给量,最后选定径向进给量。

24. 检查

采用磁粉探伤,检查精磨后的外圆表面。

25. 超精磨外圆

精抛 $\phi458^{0}_{-0.02}$ 外圆成品,要求 $Ra0.05$。由于外圆表面粗糙度要求 $Ra0.05$,采用普通磨床无法满足产品质量要求,必须采用超精加工方式达到图纸要求。

砂带抛光技术简单地说就是采用不同粒度的抛光砂带,通过改变其振动频率和进给量,选择合理的接触轮硬度,调整适当的走带速度和张紧力,选用先进的冷却液,通过振动抛光进而达到图纸要求零件表面精度的加工方法。砂带抛光机被安装在普通大型车床溜板上,借用车床的进给机构,将抛光磨头调整至合适的位置,抛光机使磨头以给定的压力自动压向工件,并进行预先设定好振动频率的往复振动。应用这种方法可以将普通磨床的磨削质量提高 3 ~ 5 级。

26. 钳工

超精加工后的十字头外圆表面已达到镜面标准,因此做好防护非常重要。首先应拆除磨削用垫和顶胎,精修外形。然后经过清洗,保养,上油,具体步骤分为先用汽油将轴径外圆擦净,然后上保养油,并用耐油纸毡包扎,最后用耐油橡胶包扎。

3.4 活塞杆的机械加工工艺

3.4.1 活塞杆加工说明

活塞杆是低速船用柴油机的三大运动件之一,它属于长轴类零件,是连接活塞和十字头的重要部件。在主机运行时,它做直线往复运动,将推动活塞头的爆炸压力传递给十字头,使主机运行。活塞杆在主机中的大致位置,如图 3 – 38 所示。

图 3 – 38 活塞杆在主机中的大致位置

活塞杆的加工需要经过车床、铣床、钻床、镗床、磨床等一系列机床,经过若干工序才能将其加工成成品。既包括冷热加工,还包含各种检验,这些加工均分布在各个环节中。活塞杆的表面质量要求较高(表面粗糙度要求 $Ra0.4$,圆柱度允差在 $0.01 \sim 0.02$ 之间),且活塞杆杆径表面需淬火,加工难度大。下面以 S50ME – B 机活塞杆为例加以详细介绍。活塞杆零件加工工艺流程卡,见表 3 – 3。

表 3 - 3 活塞杆零件加工工艺流程卡

机型	S50ME - B	机号			零件加工工艺流程卡				
名称	活塞杆	工艺卡号				图号			
材料	42CrMo	编制		日期		审定		日期	
工序号	机床号	工艺流程内容			炉号/操作者（日期）			检验员	
	工种							日期	
0		来料毛坯已粗加工、经消除应力和探伤，材料合格							
1	SI - 148A	1. 大端车顶尖孔							
		2. 尾座支撑，大端杆径处车架子印							
		3. 车深孔引导孔并车平大端端面							
2	TK2180	钻中心深孔							
3	热处理	退火处理，消除机加工应力							
4	C61125A	1. 上膨胀胎，车杆径及内档圆弧仿形							
		2. 撤胎，夹小端，车大端外圆							
		3. 车大端两端面							
		4. 工件调换端面，夹大端，车小端扁外圆							
		5. 车小端扁端面							
		6. 钻头预钻孔接通中心深孔							
5	热处理	杆径部分淬火处理							
6	C61125A	1. 精车杆径留磨量，内档仿形车成品							
		2. 撤胎，车大端各成品大外圆留磨量							
		3. 车大端水腔及密封槽成品							
		4. 工件调换端面，车小端各处成品							
7	平台	1. 画杆径中心线及找正线							
		2. 画大端外圆四个孔孔线							
		3. 画小端扁加工线							
8	Z3080 ×25	按线钻扩大端外圆上孔成品							
9	X2012	按线铣小端扁两个尺寸成品							
		注：加工中钳工配合炉号和钢印移位							
10	TH6516A	1. 加工大端端面各孔成品							
		2. 加工小端端面各孔成品							
11	钳工	打磨各锐边清理活塞杆各孔并攻丝							
12	XF - 125 ×60	1. 磨杆径成品，留抛光余量							
		2. 磨大端端面成品							
		3. 磨大端两外圆成品							

表 3 – 3(续)

工序号	机床号 工种	工艺流程内容	炉号/操作者(日期)	检验员 日期
13	检验	按要求对活塞杆杆径进行探伤		
14	SI – 148A 超精磨	抛光杆径		
15	钳工	清理活塞杆各部分并做好防锈		
16	检验	检验活塞杆的各项尺寸		

3.4.2　活塞杆加工工艺过程及分析

0. 毛坯分析

S50ME – B 活塞杆的毛坯材料为 42CrMo,为锻造毛坯,入厂前经过粗加工,并按"活塞杆质量规范"要求核对毛坯化学成分报告,机械性能试验报告,超声波探伤试验报告,炉号标记等相关检验合格证。在毛坯图设计时需指明炉号标记处。S50ME – B 机活塞杆毛坯,如图 3 – 39 所示。

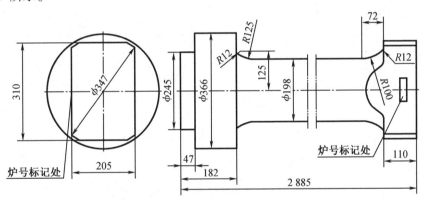

图 3 – 39　活塞杆毛坯图

1. 平台画线

上平台,画线工检查毛坯加工余量,并确定出活塞杆的中心,画出加工线及找正线。同时,如毛坯出现诸如加工量偏小、偏心等问题,画线工有提醒后续工序的相关人员关注注意事项的义务。

2. SI – 148A 车床加工

检查毛坯加工余量,活塞杆在卧式车床进行粗加工,加工前,夹小端,打表找正完成后开始进行车削加工。

(1)在中心架支撑,在活塞杆大端中心位置钻顶尖孔。

(2)撤中心架,顶尖顶在车完的顶尖孔上,车架子印。车大端顶尖孔及架子印,如图 3 – 40 所示。

(3)车平活塞杆大端端面,并车活塞杆深孔导向孔,深 60。车大端端面及深孔导向孔,如图 3 - 41 所示。

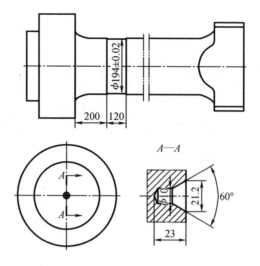

图 3 - 40　车大端顶尖孔及架子印

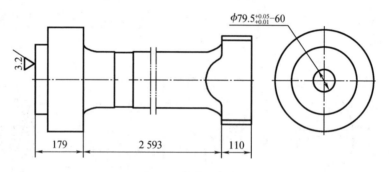

图 3 - 41　车大端端面及深孔导向孔

3. 深孔加工

粗车工序完成后，活塞杆需要转至深孔钻床进行深孔加工，钻 $\phi 80$ 深孔成品。活塞杆的中心位置有一个深孔，因孔深过深，普通的车床无法加工，故采用深孔钻床加工此深孔。加工该深孔时，采用喷吸钻。加工前按架子印找正，找正完成后加工深孔。深孔加工如图 3 - 42 所示。

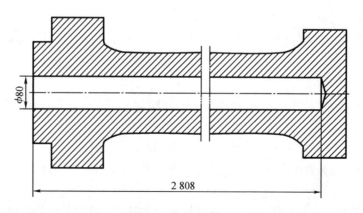

图 3 - 42　深孔加工

4. 热处理

本工序为热处理工序,消除应力。采用退火处理,目的是消除机械加工可能产生的应力变形,保证后续加工时不至于产生过大的形变,影响加工。

5. 粗车杆径、内档及大端各处

活塞杆在进行此工序加工时要夹小端,在大端深孔的端部安装工艺人员订制的膨胀胎工装,如图 3-43(a)(b)(c)所示。尾座顶尖顶在膨胀胎孔内,按架子印找正,车 φ237,φ358,φ188.8 外圆,车内档两仿形,车削杆径及圆弧外形以及大端外圆及端面。粗车杆径、内档及大端各处,如图 3-44 所示。

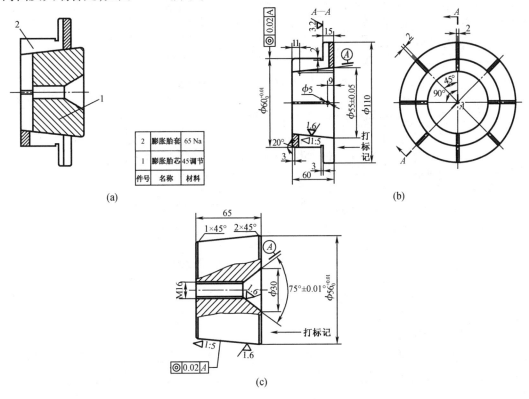

2	膨胀胎套	65 Na
1	膨胀胎芯	45调节
件号	名称	材料

(a)　　　　　　　　　　　　　　(b)

(c)

图 3-43　膨胀胎工装

6. 粗车小端外圆及中心孔

本工序依然为卧式车床工序,该工序还要车削活塞杆小端,并钻预钻孔,与中心的深孔接通。钻头预钻孔接通中心深孔。夹大端,小端上中心架,按杆径找正,按图 3-45 车小端外端面,车小端外圆。按图 3-45,钻 φ55 孔,孔口倒角 3×30°。粗车小端外圆及中心孔,如图 3-45 所示。

7. 热处理

本工序为热处理工序,采用淬火处理,目的是加强活塞杆杆径硬度,确保活塞杆在主机运行与填料函摩擦时仍能保证一定的机械性能。根据规范要求,活塞杆杆径的淬火采用中频感应表面淬火工艺;表面淬火硬度在 420~580 HV20,淬硬层深度保持在 1.5~3.5 mm。淬火结束后,相关检测人员按要求对杆径上几点的硬度进行检验,检验合格后方可转入加工车间继续进行加工。

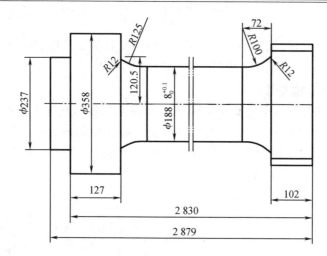

图 3 - 44   粗车杆径、内档及大端各处

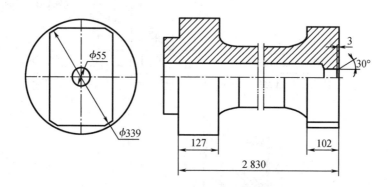

图 3 - 45   粗车小端外圆及中心孔

8. 精车杆径及内档

本工序依然为卧式车床工序,属于精加工工序,车床能加工到的位置大部分已经成品,只有杆径位置。精车杆径留磨量,内档仿形车成品。夹小端,大端上膨胀胎,检查活塞杆直线度,按图 3 - 46,精车杆径,精车内档两端面成品,精车两侧仿形成品。精车杆径及内档,如图 3 - 46 所示。

9. 精车小端各处

本工序依然为卧式车床工序,属于精加工工序,车床能加工到的位置大部分已经成品。精车小端各处,夹大端,小端中心架支撑,按杆径找正小于 0.01,车 ϕ337 外圆成品;倒角 2 × 45°,车小端外端面成品。精车小端各处,如图 3 - 47 所示。按图 3 - 48,车 ϕ60 孔成品,车深孔底部 R20 圆根成品。车 ϕ60 孔和 R20 圆根,如图 3 - 48 所示。

10. 精车大端各处

本工序依然为卧式车床工序,属于精加工工序,车床能加工到的位置大部分已经成品,只有大端两外圆以及大端端面厚度位置留有一定的磨削余量。车大端各成品大外圆留磨量,车大端水腔及密封槽成品。精车大端各处,夹小端,大端中心架支撑,按杆径找正 0.02,按图 3 - 49,车 ϕ235 外圆,车 ϕ356 外圆,车两处 ϕ332.5 外圆成品。精车大端各处,如图 3 - 49 所示。

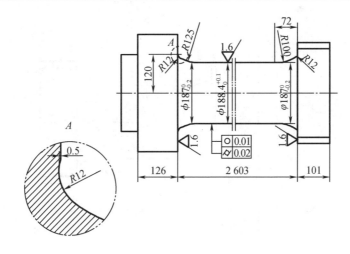

图 3 – 46　精车杆径及内档

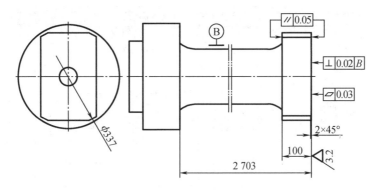

图 3 – 47　精车小端各处

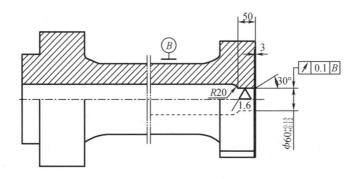

图 3 – 48　车 ϕ60 孔和 R20 圆根

车密封槽成品,车尺寸 2828 ±0.2 左端面成品,车尺寸 2875 ±0.2 左端面成品,车 ϕ233 外圆成品。车密封槽,如图 3 – 50 所示。车 R8 水腔槽成品,按图 3 – 51 车各端面倒角成品,车 ϕ80 内孔成品;孔口倒角 3 ×30°,如图 3 – 51 所示。

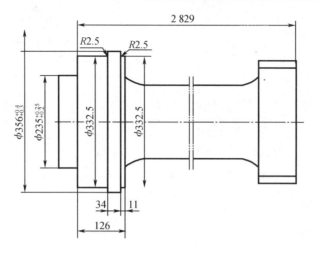

图 3-49　精车大端各处

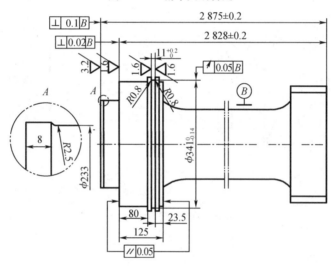

图 3-50　车密封槽

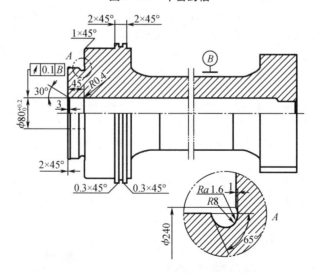

图 3-51　车 *R8* 水腔槽，*ϕ80* 内孔

此工序为车床成品工序,故此工序在加工完成后需要车床工人检测外圆及内孔等部位尺寸,除此之外还要保证图纸对车床所要求的形位公差,待合格后方可转入下一道工序。

11. 平台画线

此工序所画的加工线主要为大外圆上的 4 个 $\phi23$ 的加工线和小端扁的加工线以及大、小端的找正线以及相关参考线等。画大端及小端十字中心线,画小端四个侧面加工线,按图 3 - 52,画各孔孔线。平台画线,如图 3 - 52 所示。

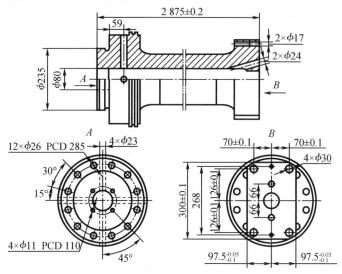

图 3 - 52　平台画线

12. 大端外圆上孔加工

将活件放置在 V 形铁上,如图 3 - 53 所示,按线及杆径找正,按平台所画的加工线钻 4 个 $\phi23$ 的孔成品,如图 3 - 54 所示。

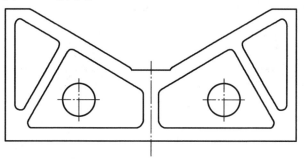

图 3 - 53　V 形铁

13. 铣小端四个侧面

铣 300 和 $97.5 \times 2 = 195$ 两个扁成品。按小端 $\phi60$ 内孔分中,按线及杆径找正,铣小端四个侧面成品。钳工:配合炉号移位。铣扁时注意炉号及钢印移位。在此过程中必须有船级社的人员在场确认(铣扁时注意按平台所画的加工线铣扁,铣小端四个侧面,如图 3 - 55 所示。

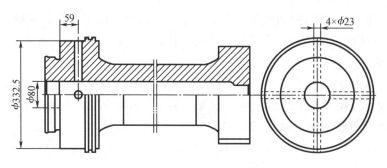

图 3 - 54　钻 4 × φ23 孔

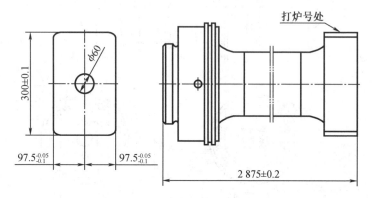

图 3 - 55　铣小端四个侧面

14. 大端面上各孔加工

此工序主要加工的是活塞杆大端的各孔,在找正完毕,确定工件中心后,编制加工程序再加工中心钻活塞杆上的各孔。直到加工完毕。大端朝床头,按小端侧面找正,钻 12 × φ26 孔成品,钻 4 × φ11 孔成品,钻 4 × M10 底孔。大端面上各孔加工,如图 3 - 56 所示。

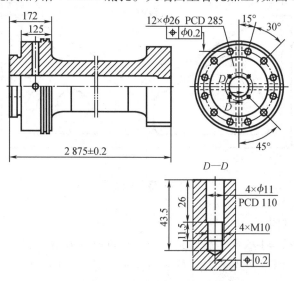

图 3 - 56　大端面上各孔加工

15. 小端面上各孔加工

此工序主要加工的是活塞杆小端的各孔,在找正完毕确定工件中心后,编制加工程序,再加工中心钻活塞杆上的各孔。直到加工完毕。除加工孔之外,加工中心在此工序中还会倒小端扁上的角。因活塞杆小端有斜孔,所以,加工中心在钻斜孔时还需要旋转工作台,将孔划平后再使用麻花钻钻斜孔成品。

小端朝床头,按小端侧面找正,按内孔分中,钻 4×φ30 孔成品,钻 φ17/2×M16 孔成品。小端面上各孔加工(一),如图 3－57 所示。

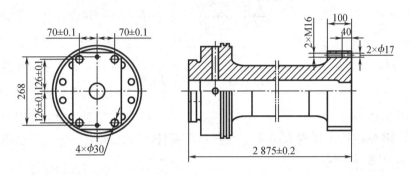

图 3－57　小端面上各孔加工(一)

钻 2×φ24 斜孔成品,四方面 2×45°倒角。小端面上各孔加工(二),如图 3－58 所示。

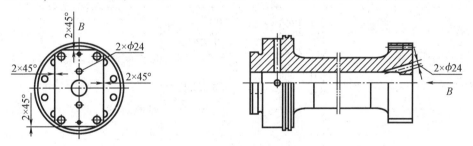

图 3－58　小端面上各孔加工(二)

16. 钳工清理

此工序的主要目的是对前面工序加工完成的部位进行清理,除此之外,还要打磨倒角、锐边。有的活塞杆需要在磨削时安装顶胎,钳工也会在此工序安装磨削用顶胎。

17. 精磨杆径及外圆

此工序为精加工工序,主要磨削活塞杆的杆径,大端两外圆以及大端厚度,精磨 125 两端面成品,精磨 $\phi235^{-0.20}_{-0.25}$ 外圆成品,精磨 $\phi356f^{-0.062}_{-0.119}$ 外圆成品,精磨杆径 $\phi188h6^{0}_{-0.029}$ 至 $\phi188\pm0.005$,粗糙度 $Ra0.8$ 以下。精磨杆径及外圆,如图 3－59 所示。

磨削外圆时使用砂轮的外圆部分磨削,而磨削端面时使用砂轮背部磨削。在此工序中,活塞杆大端的两外圆和大端端面部位需要磨削成品,杆径位置仍要留有 $\phi0.01\sim\phi0.02$ 的加工余量。此工序中,磨床还要保证磨削的部位的形位公差,确保其在图纸要求范围内。对于某些关键尺寸,磨床操作者要在成品后准确测量出尺寸,填写在自检记录表中。

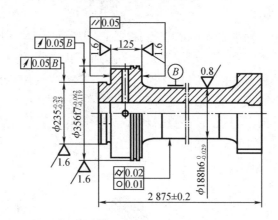

图 3 − 59　精磨杆径及外圆

18. 检验探伤

磨床工序结束后,由质检人员采用仪器对活塞杆的杆径部位进行探伤检测,按要求磁粉探伤,查看有无裂纹等。

19. 抛光杆径

本工序的主要目的是使活塞杆杆径光洁度更高,达到图纸要求。抛光杆径 $\phi188^{0}_{-0.029}$ 成品,如图 3 − 60 所示。

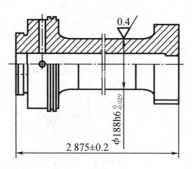

图 3 − 60　抛光杆径

砂带抛光技术,就是采用粒度较高的砂带,通过改变其振动频率和进给量,选择合理的接触轮硬度,调整适当的走带速度和张紧力,选用先进的冷却液,通过振动抛光进而达到图纸要求零件表面精度的加工方法。应用这种方法可以将普通磨床的磨削质量提高 3 ~ 5 级。

20. 钳工清理

到此工序时,活塞杆已加工完毕。此工序的目的是最后清理活塞杆,为报验做准备,同时做好防锈和清洁工作。

3.5　本　章　小　结

本章主要对船用低速柴油机典型零件加工工艺进行阐述,论述连杆机械加工工艺过程及分析,论述十字头机械加工工艺过程及分析,论述活塞杆加工工艺过程及分析。

思　考　题

1. 说明连杆零件加工工艺流程内容。
2. 论述连杆加工工艺过程及分析。
3. 说明十字头零件加工工艺流程内容。
4. 论述十字头加工工艺过程及分析。
5. 说明活塞杆零件加工工艺流程内容。
6. 论述活塞杆加工工艺过程及分析。

第4章 船用低速柴油机主机部件装配工艺

4.1 气缸盖排气阀装配

4.1.1 气缸盖组成

气缸盖采用单体式整体锻钢制成,气缸盖除了受到螺栓预紧力、缸套支反力的作用,还在工作中受到高温高压燃气的冲蚀,工作条件恶劣,因此气缸盖要具备足够的刚度和强度,保证其不会由于应力过大而损坏或变形泄露,保证液压拉紧时气缸盖和气缸套的均匀受力和封闭。

气缸盖是燃烧室的上盖,除与气缸、活塞共同构成燃烧室外,其上还要安装各类阀件,包括气缸启动阀、喷油器、示功阀、排气阀等,并布置有进、排气道,以及其他组成部件,冷却水套、排气阀螺栓、液压螺母、喷油器螺栓、喷油器管、螺纹放泄管等。MAN B&W 公司的柴油机气缸盖如图 4 - 1 所示。

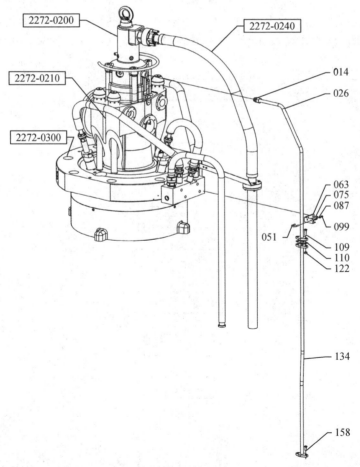

图 4 - 1 柴油机气缸盖

　　启动阀是由启动空气分配器的控制空气部件控制的,根据主机的发火顺序,定时打开以启动主机。通过弹簧控制关闭,防止高温混合燃气的倒流。喷油器将燃油系统提供的具有一定压力流量的燃油定时地以雾化状态喷入气缸内,与经过压缩的高压高温空气相结合,急剧燃烧。示功阀连接示功器,通过示功器打出示功图,根据示功图计算出主机在试车调试时的有关参数。

4.1.2　排气阀机构组成

　　排气阀机构是安装在气缸盖的中心孔内,承担排除废气的作用。阀杆、阀座底面是燃烧室壁面的一部分,长期受到高温、高压燃气的冲击,工作条件最为恶劣。排气阀机构主要由阀壳和排气阀组成。通过四个螺栓和螺母将阀壳紧固在气缸盖座面上,使用液压拉伸器在 900 bar 或 1 500 bar 的压力下泵紧螺母。

　　排气阀机构主要有以下几部分构成组件:(1)排气阀壳组件;(2)排气阀杆/阀座;(3)空气缸;(4)液压缸;(5)密封空气装置;(6)液压驱动器上的缓冲活塞;(7)检查杆升程组件。排气阀上部结构,如图 4 - 2 所示;排气阀下部结构,如图 4 - 3 所示。

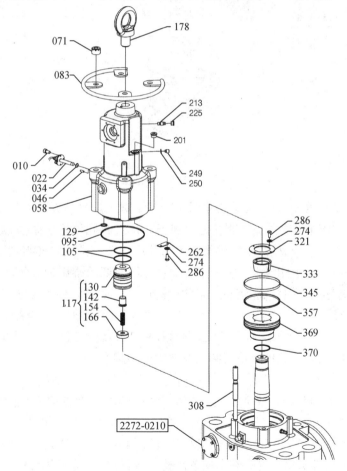

图 4 - 2　排气阀上部结构

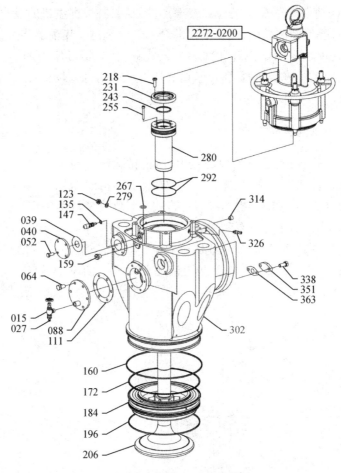

图 4 – 3　排气阀下部结构

排气阀壳体采用铸铁材料,筋板支撑双层冷却结构。排气阀壳体的中心孔装有阀杆导套。扫气侧有流线型的排气孔,使排气更加顺畅。排气阀壳体用法兰和螺塞封闭,组成冷却水腔。排气阀采用液压开启,空气弹簧关闭的开启系统。排气阀杆与阀座的阀口焊有耐高温合金耐磨层。阀杆上烘装有六片导流叶翼,工作燃烧后排出的废气吹动叶翼,使阀杆产生旋转,这样更有利于阀杆、阀座相互间阀口的磨合。如果阀杆始终停留在一个位置上,则开启关闭时阀杆与阀座受热不均匀,势必会造成高温燃烧后的气体烧蚀阀口,使阀杆与阀座不能形成良好的吻合和锥面的环线接触,使阀口断线而漏气。工作的时间越长对阀杆、阀座的损伤越大,损伤烧蚀严重时必须更换阀杆和阀座。

1. 排气阀壳

排气阀壳由 HT200 铸铁铸成,阀壳有一个 42CrMo 钢经锻造制成的可更换阀座,阀座提供一个用于阀杆的经硬化处理的锥形座面。阀壳上的孔装有一个可更换的排气阀杆导套和衬套。

排气阀壳的冷却方式为水冷式,冷却水从气缸盖流经冷却水连接管到达排气阀壳,并从顶部流出,通过冷却水出口管上装有的节流孔板,可以控制流过排气阀壳体的冷却水量。排气阀壳体前面有一块清洁盖板,通过此盖板可以检查和清洁冷却水腔。

2. 排气阀杆

阀杆材料,对于小机 L35 ~ 50MC – C 用 SNiCrW/NiCr12B 为镍铬钨合金钢材料,对于大机 L50～L/S60-70 机用 NiCr20/NiMoNiC80A 为镍基合金,这种材料具有在阀面接触区经热处理后所需要的硬度。

阀杆底部的圆柱部分装有一个叶轮,使其在废气的作用下,在柴油机运转时跟随旋转,每分钟 0.8～1 转。在 90°范围内深度从 0—7—0 mm 的变化来监测排气阀的旋转情况,通过推动阀杆转动,使得排气阀阀面与阀座座面均匀磨损和接触。

在排气阀杆顶端装有两个活塞:空气活塞、液压活塞。

空气活塞是用于关闭排气阀的装置,通过空气弹簧产生的 7～18 bar 的压力来实现关闭排气口,活塞通过两半式锥块紧锁在阀杆上。

液压活塞是用于开启排气阀的装置,通过约 18 bar 的高压油来实现开启排气口,它由两个活塞环和一个缓冲活塞装置构成,用来缓冲排气阀关闭时的冲击。它由连接于凸轮轴上的液压油泵上的液压活塞控制。排气阀检修后,重要的是检查缓冲装置,以防敲缸。检查时可用距离为 47～51.2 mm 的专用桥规进行。

3. 空气缸

空气缸安装在排气阀壳上部。用来关闭排气阀的 7 bar 空气从活塞的下部经单向止回阀供给,通过一个止回阀和密封空气控制装置上的小孔。空气缸底部有一个安全阀,设定压力为 21 bar。

空气缸的壳体底部有两个密封环,当密封环失效时,通过露出的两道密封环之间的泄放孔 D 泄放进行检查。确保使用带有 HVOF 镀层的阀杆和有关的密封环型号,此类阀杆顶端均标有"HVOF"字样。

4. 液压缸

在排气阀壳体的上部,液压缸通过螺栓和螺母安装在空气缸上。液压缸中的液压活塞在排气凸轮上行时,产生约 180 bar 的油压将排气阀杆压下,使得排气阀开启。

在液压缸的上部装有一个放油气用的节流阀,有一个直径 0.7 mm 的节流孔释放油气。从该节流阀流出的油通过一个槽流向空气缸周围的空腔,和活塞泄放油一起通过孔和油管排出泄放掉。一般 L35 机为 16L/cyL·h,L50 机为 34L/cyL·h。

5. 密封空气装置

在空气缸底部排气阀杆周围伴有一道密封空气。密封空气由密封环下面引入,通过一个节流管经密封空气控制组件由空气缸供给。用来阻止燃气和微粒上窜,以防排气阀杆工作表面磨损和污染排气阀驱动机构的气动系统。

当柴油机处于停车状况时,停车电磁阀作用,切断控制空气供给,密封空气控制单元中的一个阀自动切断密封空气。

6. 液压驱动器缓冲活塞

一般来说排气阀上部的液压驱动器是非常可靠的,但在某些情况下,由于液力系统泄漏过大,造成排气阀的落座冲击,导致气阀阀面烧损。在液力驱动器活塞上方加装一个液力缓冲器——缓冲活塞的结构,经长期运行试验证明该结构可以有效改善阀杆落座情况,排气阀和阀座工作处于"良好状态",冲击痕迹的数量和程度明显减轻。

排气阀缓冲活塞的工作原理:液压缓冲弹簧是由弹簧顶起的,当凸轮轴液压驱动泵供油开启排气阀时,由于活塞可以下行进入驱动活塞的空腔,产生节流作用。在气阀落座过程中,缓冲活塞伸入液压驱动器油缸上方的孔内使回油受到节流,油压缓慢降低释放。因此排气阀就会缓慢落座,减轻了排气阀与阀座间的冲击,从而避免了"敲击"现象,即使液压系统中发生某些泄露的情况,也不至造成排气阀的严重冲击。

4.1.3 排气阀液压传动机构

液压系统是一个装在滚轮导筒体上的活塞泵,一根高压油管及一个装在排气阀上的工作缸组成。

排气阀是通过凸轮轴上的排气凸轮驱动,在固定于滚轮导筒和液压缸之间的垂直弹簧的作用下,滚轮导筒始终与排气凸轮保持接触,这样滚轮导筒上的滚轮随凸轮轴上的凸轮运动,滚轮套筒上装有一个导向块以防止滚轮导筒周向转动。

液压缸用四个螺栓紧固在凸轮箱上,其中两个长螺栓,其长度足以使拆卸液压缸时,滚轮导筒上的弹簧逐步减小弹力。液压缸内的活塞坐在滚轮导筒颈部的推力块上,并用插口销紧固在滚轮导筒上。

凸轮轴箱体上的液压缸与排气阀上的液压缸通过一根高压油管连接在一起。压力油来源于主润滑系统,通过液压缸上部的一个止回阀进入油缸。从排气阀液压缸渗泄的油通过连接管泄放到凸轮轴箱体液压缸的底座中,由此,油通过一个孔泄放到凸轮箱中。

4.1.4 气缸盖的装配

气缸盖装配工艺规程卡,见表4-1。气缸盖装配图,如图4-4所示。

表4-1 气缸盖装配工艺规程

总装制造部 装配工艺规程		机型		工序卡编号	
		工艺名称	气缸盖装配	工位	
		参考图纸		参考标准	
装配附图	工序号	工序名称	工序内容	工具/工装	工时/h
	10	清理安装面			
	20	安装清洁环			
	30	安装保护套			
	40	吊装气缸盖			
	50	螺栓上紧			
修改日期	修改审核	编制(日期)	校对(日期)	审核(日期)	批准(日期)

气缸盖装配工序内容:

1. 清理安装面

清洁并精整气缸盖与缸套的安装面。

2. 安装清洁环

在缸套上安装活塞清洁环及缸口垫片,注意清洁环 TOP 标记朝上。

3. 安装保护套

将气缸盖保护套安装于 1#和 7#缸盖上,用顶丝固定于水圈上。注意检查缸盖保护套不要与其他部件干涉。

4. 吊装气缸盖

将气缸盖吊装到缸套上,并在缸盖螺栓螺纹部分喷涂 MoS2;平稳地吊起气缸盖,缓慢地装入冷却水套内,操作时要格外小心,不能碰坏密封圈。

5. 螺栓上紧

从自由端起拉线确认排烟法兰面在同一平面上。同时液压拉紧每缸 8 个缸盖螺栓,拉紧压力为拉伸器工作压力(2 200 bar),并装妥缸盖螺栓保护帽。

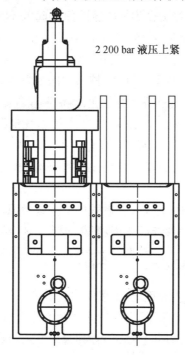

图 4 - 4　气缸盖装配图

4.1.5　排气阀的装配

把排气阀所有的零部件清理干净后,吊起排气阀壳体,对准阀座上的定位销,将排气阀壳体落座在阀座上,用两个内六角尖头螺栓固定,使排气阀壳体与阀座连为一体。

阀座上装有一道密封圈和一道密封环,上面是一道氟橡胶密封圈,下面是不锈钢弹簧支撑的聚四氟乙烯密封环。这道密封环开口面朝上,在装配时决不可用利器撬别,可用热水加温后装配,然后涂上润滑油脂,将排气阀与阀座的整体装入气缸盖内。

在这道工序的装配中,操作要谨慎,排气阀吊装要平行扶正,防止排气阀螺栓碰到密封圈和密封环,在即将落入气缸盖口内时要缓慢地进行。气缸盖与阀座的安装平面要无毛刺、无高点,否则会使燃气泄漏和水压密封试验时渗漏。液压拉紧排气阀螺母,拉紧压力为 90 MPa。排气阀与气缸盖组成封闭的冷却水腔。

气缸套的冷却水经冷却水套四周均匀分布的四个冷却水连接管与气缸盖冷却水套的

进水孔相连接,再经气缸盖上的 36 个冷却水斜孔进入排气阀冷却水腔进行循环冷却。

　　为了防止气缸盖和排气阀冷却水腔的锈蚀,在水压密封试验前,需将淡水添加 SW - 959 水质稳定剂平衡酸碱,用试纸检测 PH 值在 7 ~ 8,就可对气缸盖和排气阀进行水压密封试验,压力为 0.7 MPa,时间最低不少于 20 min。阀座上平面有一个 $\phi 7$ mm 的孔,这个孔斜通于聚四氟乙烯密封环下,在水压密封试验时,如果此孔有水漏出,可以断定聚四氟乙烯密封环已损伤,须更换新密封环。

4.1.6　喷油器和三阀的安装

　　(1)清洁干净气缸盖上的喷油器孔和喷油器,把喷油器涂上二硫化钼,装入喷油器管内,放上弹簧壳体,旋紧螺母。弹簧壳体与压盖平面的间隙不大于 0.2 mm。检查喷油嘴与孔的间隙是否均匀,检查喷油器密封圈位置是否正常。

　　(2)将气缸盖安全阀的螺纹涂上二硫化钼,放上垫,旋紧安全阀,旋紧力矩为 45 N·m。

　　(3)錾平启动阀与气缸盖的安装平面后,擦拭干净气缸盖上的启动阀口,用着色检查气缸盖上启动阀口的密封着色应无断桥。若着色断桥,则必须用阀口研磨工具研磨,直到着色无断桥为止。着色断桥密封不严或把偏,气缸内的燃气泄漏,都会引起和启动空气管的过热。过热严重时,启动空气管上的油漆会变色。把启动阀上的密封圈涂上微薄的润滑油酯,将启动阀装入气缸盖内,反复交替地旋紧三次螺母至 40°,再依次松开螺母,最后螺母的旋紧角度为 60°。

　　(4)示功阀总成连接完后,加上经过火软化的紫铜垫,用四个螺栓对角依次把示功阀旋紧在气缸盖上,不能把偏,否则会在试车时泄漏高温燃气,烧伤试车人员。

4.1.7　气缸盖排气阀总成装配工艺及分析

　　气缸盖排气阀总成装配工艺规程卡,见表 4 - 2。

表 4 - 2　气缸盖排气阀装配工艺规程

总装制造部装配工艺规程		机型		工序卡编号	
		工艺名称	气缸盖排气阀总成装配	工位	
		参考图纸		参考标准	
装配附图	工序号	工序名称	工序内容	工具/工装	工时/h
	10	气缸盖冷却水套安装			
	20	清理气缸盖孔道			
	30	安装启动阀、喷油器			
	40	排气阀总成安装			
	50	气缸盖排气阀总成安装			
	60	示攻器和 PMI 系统			
修改日期	修改审核	编制(日期)	校对(日期)	审核(日期)	批准(日期)

气缸盖排气阀总成工序内容：

1. 气缸盖冷却水套安装

气缸盖冷却水套安装。气缸盖及冷却水套如图 4 - 5 所示。

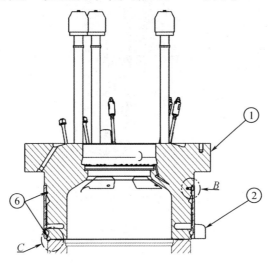

图 4 - 5　气缸盖及冷却水套

（1）精整并清洁所有待装的零件，去油封并检查气缸盖及冷却水套的表面质量及各安装密封面无缺陷、气缸盖下部与缸套的密封面无损伤，精整外形并去除毛刺；

（2）将冷却水套用木方垫起放稳，注意避开气缸盖冷却水套内孔；

（3）用布扣吊起气缸盖，注意调平；

（4）在气缸盖 O 形密封圈涂抹凡士林，将其安装至气缸盖的凹槽内；

（5）在气缸盖冷却水圈上方，用吊车调正气缸盖位置，对准燃油侧炉号标记，慢慢将其装入气缸盖冷却水圈内；

（6）在气缸盖冷却水圈固定螺栓上喷涂 MoS2，安装 4 个 EN61T1625 内六角螺栓，并用 135 N·m 力矩上紧。

2. 清理气缸盖孔道

（1）检查缸盖螺纹并攻丝，清洁所有螺孔并用压缩空气吹净；

（2）用专用风动钻系白布清洁喷油孔 $\phi20.5$ mm、启动风孔 $\phi66$ mm、示功考克孔 $\phi12$ mm，并用抹布清洁干净用胶封死。注意：防损伤阀口。

3. 安装启动阀、喷油器

安装启动阀、喷油器。启动阀如图 4 - 6 所示；喷油器如图 4 - 7 所示。

（1）将排气阀 $4 \times$ M76 丝对旋入端螺纹涂二硫化钼后旋入气缸盖，旋紧力矩为 550 N·m，旋入后用 Loctite587 填充螺孔圆周缝隙；

（2）将启动阀安装到相应位置，连接螺栓螺纹 M24 涂二硫化钼后旋入气缸盖，旋入力矩为 240 N·m；旋入后，用 Loctite587 填充螺孔圆周缝隙，上紧螺母带靠后上紧角度为 60°；

（3）将喷油器安装到相应位置，双头螺柱螺纹 M20 上涂二硫化钼后，将喷油器丝对旋入缸盖，旋入力矩为 140 N·m，检查喷油器与油孔间隙应均匀；旋入后用 Loctite587 填充螺孔圆周缝隙；上紧螺母 M18 后保证图上尺寸 $a = 0 \pm 0.2$。

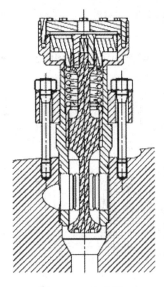

图 4 - 6　启动阀

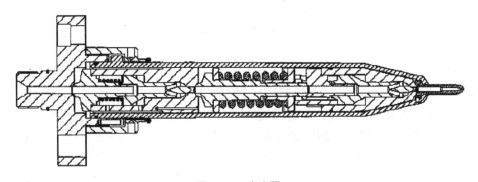

图 4 - 7　喷油器

4. 排气阀总成安装

（1）清理阀杆，将阀杆垂直整齐摆放于橡胶工作面上。

（2）清理干净排气阀壳体和衬套，在衬套上安装两道密封圈，注意密封圈上涂抹凡士林，衬套上安装密封圈，如图 4 - 8 所示。

（3）将衬套装入排气阀壳体，并用 M10×75 内六角螺栓紧固（用塞尺检查衬套与阀壳对称四点间隙差不大于 0.03 mm）。

（4）安装好衬套顶端环槽的密封环后，安装衬套顶端的圆法兰，并用 M8×25 内六角螺栓紧固，安装衬套顶端的圆法兰，如图 4 - 9 所示。

（5）在排气阀壳体气缸底部安装安全阀、单向阀及衬套密封检查丝堵。

（6）清理排气阀壳体底部及排气阀底座加工表面并放置在橡胶垫上，在底座上平面凹槽内安装 O 形圈，O 形圈表面均匀涂抹凡士林。

（7）利用排气阀壳体吊具将其吊至排气阀底座上方并慢慢落座于排气阀底座上，用专用工装将两者固定在一起，将其整体吊装至排气阀杆上。

（8）在风动活塞上安装滑动轴承和密封圈。注意：在安装之前检查滑动轴承和密封圈的完整性，并用 100 ℃ 热水将其加热至少 5 min。

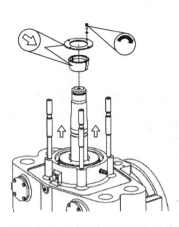

图4－8　衬套上安装密封圈

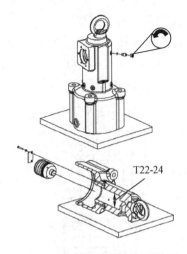

图4－9　安装衬套顶端的圆法兰

（9）在气缸底部注入干净滑油至放泄丝孔处，完后安装风动活塞至阀杆上，慢慢落座于排气阀壳体上。利用事先准备好的两个半圆锥形套和圆法兰，用四个 M10×25 螺栓将风动活塞固定在排气阀杆上并锁紧。

（10）清理促动活塞将促动活塞放置到调节盘专用安装工具内，用顶丝将调节盘安装至促动活塞内。

（11）将液压油缸在橡胶垫上清理干净后垂直放置，安装顶端和侧面丝堵。

（12）液压油缸放倒水平放置，将促动活塞装入油缸内，用两个 M10×25 螺栓固定带孔法兰并锁紧。

（13）吊装液压油缸至排气阀壳体上，用液压拉伸器 2 200 bar 液压上紧油缸螺栓。

（14）排气阀连接 7 bar 控制空气使排气阀关闭，用塞尺检查排气阀杆与排气阀底座之间无间隙。用专用测量工具测量排气阀桥规值（要求在 48.4～48.9 mm 之间）。如果桥规值不在要求范围内，根据实验数据调整促动活塞内部调节盘的厚度，直至桥规值在要求范围内。调整好后，拆下液压油缸及促动活塞，在促动活塞上安装两道活塞环，完后复位液压油缸，如图 4－10 所示。

5. 气缸盖总成安装

（1）拆下排气阀壳体与底座的固定工装，将排气阀总成吊装至缸盖总成上方，与扫气燃油方向对齐。在排气阀底座上安装 O 形密封圈，注意在 O 形圈上均匀涂抹凡士林。

（2）慢慢落座排气阀总成，注意使排气阀固定螺栓孔对准缸盖排气阀液压螺栓，落靠排气阀总成后，安装排气阀固定螺母，用专用液压拉伸器 2 200 bar 上紧排气阀固定螺栓，并画线做标记。

（3）在气缸盖排气阀总成上安装泵水工装，对气缸盖总成进行泵压实验。Mark9.2 主机要求泵压 7.5 bar，保持 10 min 无渗漏；Mark9.5 主机要求泵压 10.5 bar，保持 10 min 无渗漏。

6. 示攻器和 PMI 系统

（1）在气缸盖上种紧四根 EN51N1280.0 双头螺栓，螺纹上涂 EN243S 螺纹紧固胶。

（2）依次安装 PMI 传感器和示攻器总成，并用 EN89G12.0 对角把紧，注意在 PMI 传感器两端安装铜制密封圆垫。

至此气缸盖排气阀总成安装结束。

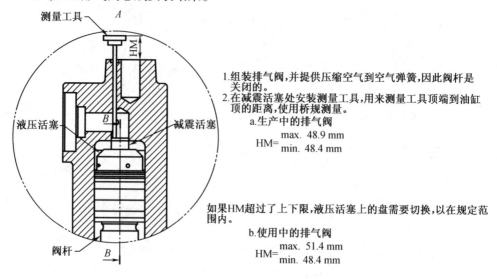

1. 组装排气阀,并提供压缩空气到空气弹簧,因此阀杆是关闭的。
2. 在减震活塞处安装测量工具,用来测量工具顶端到油缸顶的距离,使用桥规测量。
   a. 生产中的排气阀
   $$HM = \begin{matrix} max. & 48.9 \text{ mm} \\ min. & 48.4 \text{ mm} \end{matrix}$$

如果HM超过了上下限,液压活塞上的盘需要切换,以在规定范围内。
   b. 使用中的排气阀
   $$HM = \begin{matrix} max. & 51.4 \text{ mm} \\ min. & 48.4 \text{ mm} \end{matrix}$$

图 4-10　测量排气阀桥规值

4.2　活塞总成装配

4.2.1　活塞的作用

柴油机的基本工作原理是使燃料在发动机的气缸中燃烧,将燃料的化学能转变为热能,从而产生高温、高压的燃气,以燃气为工质在气缸中进行膨胀,推动活塞做往复运动,使热能转化为机械能。而活塞的主要作用:

(1)将气体力和往复惯性力传递给连杆;

(2)与气缸盖、气缸壁共同组成合适的燃烧室空间,同时传递顶面所接受的热量到气缸壁,进而传递给冷却介质,达到冷却的目的;

(3)保持燃烧室空间的密封,活塞环靠本身的弹力和燃烧室内的压力而紧贴气缸壁和环槽侧,以保持密封;

(4)在二冲程柴油机中,活塞还控制启口的开闭,以控制换气。

4.2.2　活塞的结构

船用柴油机的活塞有两种结构形式,即筒形活塞和十字头式活塞。筒形活塞主要由活塞体、活塞销、活塞销衬套、承磨环、活塞环及冷却装置等组成。对于直径较大和负荷较高的筒形活塞,为改善活塞的强度和传热,常将活塞头和活塞裙分开制造,装配成组合式活塞体。十字头式柴油机活塞的组成包括活塞头、活塞裙、活塞环、活塞杆、冷却机构以及活塞杆填料函等。十字头式柴油机活塞如图 4-11 所示。

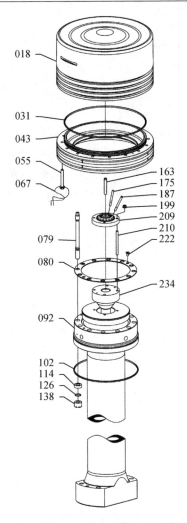

图 4 – 11 十字头式柴油机活塞

018—活塞;031,102—O 形环;043—活塞裙;055—法兰螺钉;067—锁紧钢丝;079—特殊螺栓;
080—中间压盘;092—活塞杆;114—特制垫;126—密封环;138,199—螺母;
163,175,187—冷却油喷嘴;209—法兰;210—螺栓;222—螺钉;234—冷却油管

  活塞由活塞头和活塞裙两个主要零件组成。活塞头用螺栓紧固在活塞杆上端,螺栓用锁紧钢丝锁紧。活塞裙用法兰螺钉紧固在活塞头上,螺栓用锁紧钢丝锁紧。由于活塞头承受高温高压的燃气,活塞裙与气缸壁接触摩擦,从合理使用材料的角度,活塞头和活塞裙分别由耐热合金钢和耐磨铸铁制造。活塞头顶部呈下凹形,以利于燃油和空气的混合。活塞头侧有四道安装活塞环的镀铬环槽。由于最上的两道环(或一道环)承受的气体压力较高,所以环的高度较高,称为高顶式活塞设计。第一道环是控制压力释放环,为重叠搭口,其上由六个释压槽,可以使第一、二道环承受的压力和热量更均匀;同时活塞环外表面覆以镀层材料,要轻拿轻放避免撞击。其他活塞环为斜切口在活塞头顶部的一道凹槽,用于安装活塞起吊工具。活塞裙为圆筒状。

  活塞杆由锻钢制造,杆身表面经过硬化处理。活塞杆在工作中受气体力和惯性力的作用,一般只受压力,所以要有足够的抗压强度。活塞杆由四个螺栓把活塞杆下脚板固定在十字头开口的面上,螺栓用紧固钢丝紧固。

活塞采用滑油润滑,活塞杆上有一个中孔与冷却油管相通,冷却油管通过法兰螺钉被紧固在活塞杆的顶部。冷却油通过连接在十字头上的伸缩油管引入,经过活塞杆的中孔到达活塞头的冷却油腔,通过活塞头支撑部分的油口到达外部环形油腔。然后冷却油通过十字头活塞杆下脚板上的孔流过十字头到泄口至安装于机架内开槽的泄油管。

活塞环的主要作用是阻止气体泄漏,并将活塞头部的一部分热量传递给气缸。活塞环的密封作用主要是依靠自身的弹性以及作用在活塞环内侧的气体压力,使活塞环紧贴在气缸壁和环槽壁面上。但由于活塞环留有搭口间隙,因此活塞环不能完全阻断燃气的泄漏,为了提高密封效果,一个活塞上要设多道活塞环。一般二冲程柴油机有四道活塞环。活塞环如图 4 – 12 所示。

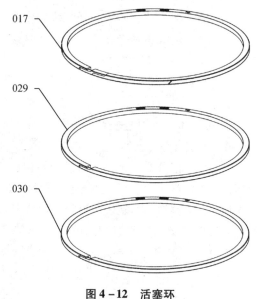

017
029
030

图 4 – 12   活塞环

在扫气箱底部的活塞杆孔中安装一个活塞杆填料函,这个填料函的作用是防止扫气空气和气缸漏下来的污油和污物进入曲轴箱,以免加热和污染曲轴箱滑油,腐蚀曲轴和连杆等部件;同时也防止曲轴箱中的滑油溅落到活塞杆上而带到扫气箱中,污染空气。填料函的最上面一道环槽里是由四段组成的带斜刃的刮油环,以防止扫气箱内的油污进入其他密封环。在刮油环下面是由八段组成的密封环,用来防止扫气空气向下泄漏。之后的两道环槽均安装一个四段组合的密封环和一个八段组合的密封环。最下面四道环槽均安装三段组合的刮油环,用来刮掉活塞杆上的润滑油。填料函如图 4 – 13 所示。

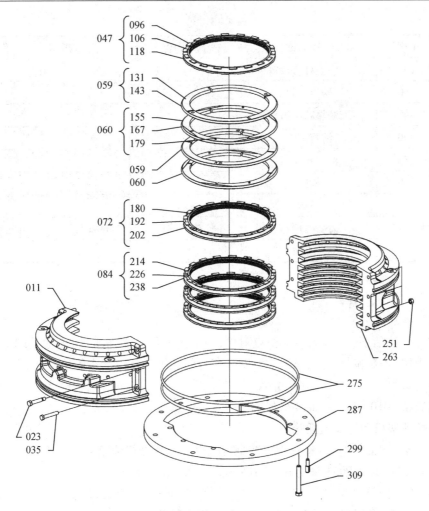

图 4 - 13　填料函

011,263—填料函壳体;023—定位螺栓;035—螺钉;047,072,084—刮油环;059,060—密封环;
251—螺母;275—O 形圈;287—法兰;299—定位销;309—螺钉

4.2.3　活塞总成工艺及分析

活塞总成装配工艺规程卡,见表 4 - 3。

表 4 - 3　活塞总成装配工艺规程

总装制造部 装配工艺规程		机型		工序卡编号	
		工艺名称	活塞装配	工位	
		参考图纸		参考标准	
装配附图	工序号	工序名称	工序内容	工具/工装	工时/h
	10	清理各部件			
	20	安装活塞裙和冷却内插管			
	30	附件安装			

表 4 – 3（续）

装配附图	工序号	工序名称	工序内容	工具/工装	工时/h
	40	连接活塞杆与活塞头			
	50	磅压实验			
	60	安装填料函组件			
	70	活塞试压			
	80	活塞环安装			
	90	检查			
	100	吊运			
修改日期	修改审核	编制（日期）	校对（日期）	审核（日期）	批准（日期）

活塞总成工序内容：

1. 清理各部件

精整并清洁活塞头、活塞裙及相应附件，仔细检查部件表面质量，去除毛刺，回攻活塞杆上螺纹 M10，M16 和 M30；用压缩空气吹净所有的螺纹孔及活塞头的油腔、油道，保证油孔畅通清洁无杂物。

工艺装备：M10，M12 和 M24 丝锥。

2. 安装活塞裙和冷却内插管

（1）清洁冷却油喷射管，检查管内壁是否光滑。安装冷却油喷射管至喷射法兰上，螺纹喷涂 Loctite 243s 并铆死，上紧力矩 18 N·m。

（2）将冷却插管吊起插入活塞杆内，对称把紧 M16×180 双头螺栓，上紧力矩 60 N·m，总成安装内插管，自锁螺母预上紧 10 N·m，最后上紧角 75°。

（3）在活塞裙上安装"O"形密封圈（件号 11）（$\phi D = 655$ mm）；后将活塞裙吊装于倒置的活塞头上，将连接螺栓 M20×150 依次对称拧紧 380 N·m，并用铁丝锁死。

工艺装备：2×M16 吊环、2×M12 吊环、力矩扳手（280~760 N·m）。

3. 附件安装

（1）在活塞杆上（与活塞头连接面）安装中间圆盘（件号 10）$\delta = 5$，用内六角沉头螺钉（件号 29）上紧；

（2）在活塞杆与活塞裙接触面安装 O 形密封圈（件号 12）（$\phi D = 510$ mm）。

工艺装备：$S = 6$ 内六角扳手。

4. 连接活塞杆与活塞头

（1）利用活塞杆吊具，将活塞杆吊装于活塞头裙组件内，注意活塞杆地脚与活塞头的安装标记要处于同一方向；

（2）安装活塞杆与活塞头连接双头螺栓 M33×2，扭入力矩为 300 N·m，旋入液压螺母 2 200 bar 对角上紧。

工艺装备：活塞杆吊具、液压拉伸器、力矩扳手（280~760 N·m）。

5. 磅压实验

安装泵压工具进行泵压试验,要求磅压 7 bar,历时 30 min 不得渗漏,校验。活塞总成泵压实验,如图 4 - 14 所示。

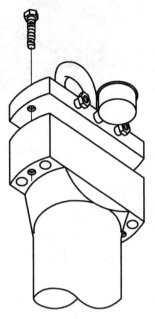

图 4 - 14　活塞总成泵压实验

工艺装备:活塞试压工装、活塞试压站。

6. 安装填料函组件

(1)在填料函研磨胚具上,用蓝油检查刮油环和密封环的接触面积,面积应大于 75% ,否则应进行刮研;

(2)在平台上用普通螺栓连接填料函两半壳体并上紧,连接面间隙应小于 0.05 mm,且壳体上平面应平整,否则修理直到满足要求;

(3)连接面中间孔配紧配螺栓;

(4)在壳体内预装刮油环和密封环,并需注意检查间隙;

(5)在活塞杆上安装填料函的部位涂雾状二硫化钼,将壳体内预装的环取出,按顺序用拉伸弹簧将其固定在活塞杆上,注意各道刮油环搭环上下交叉错位,调整各环之间间隙以便安装壳体;

(6)将填料函两半壳体用落山连接,安装中间两个紧配螺栓,所有螺栓上紧力矩 80 N·m;

(7)安装填料函壳体外的 O 形密封圈。填料函安装如图 4 - 15 所示。

工艺装备:填料函研磨、胚具、塞尺、φ13 直刃铰刀、弹簧拆卸专用工具、力矩扳手(20 ~ 100 N·m)、填料函顶升工具。

7. 活塞试压

试压后,活塞泄油,平放地面,封堵油路,进行其他附件安装。

工艺装备:活塞试压站。

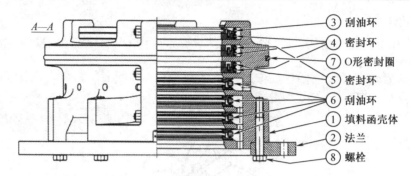

③ 刮油环
④ 密封环
⑦ O形密封圈
⑤ 密封环
⑥ 刮油环
① 填料函壳体
② 法兰
⑧ 螺栓

图 4 – 15　填料函安装

8. 活塞环安装

（1）测量活塞环的自由伸长度，第一、二、三道活塞环自由开口长度:98 ± 10。

（2）在活塞头上安装活塞环。注意:环上有"TOP"标记的一面朝上;活塞环开口为搭口形式;第一道环厚，第二、三道环较薄;相邻各环之间接口错开 180°。

（3）测量各环在环槽中的天地间隙为 0.45～0.55 mm。

（4）在活塞杆、活塞头、活塞裙和填料函壳体上敲好钢印标记，其中活塞杆与活塞头上的钢印在敲好后需修平。

（5）自活塞杆底脚上安装填料函定距工具（顶丝），待上机安装使用。

活塞环安装，如图 4 – 16 所示。

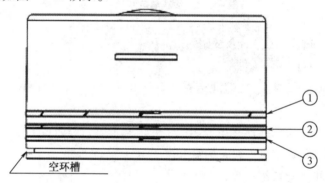

空环槽

①
②
③

图 4 – 16　活塞环安装

工艺装备:活塞环安装工具、塞尺、字头、手锤。

9. 检查

检查组件的完整性及螺钉紧固、保险，对所有光胚面涂防锈油，并用蜡纸或塑料薄膜包扎好，所有孔用胶布封住。

10. 吊运

在活塞总成吊起后，将残油泄放到油盘内，在活塞杆底系接油塑料袋并吊至活塞运转架上待转。活塞总成如图 4 – 17 所示。

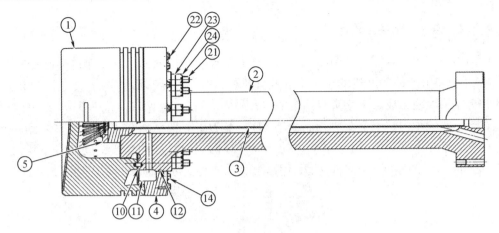

图 4 - 17　活塞总成

4.3　连杆十字头总成装配

4.3.1　连杆十字头作用

对于二冲程十字头式柴油机,曲柄连杆机构包括十字头和连杆两部分。十字头组件的主要作用是将活塞组件和连杆组件结合起来,把活塞的气体力和惯性力传递给连杆,连杆再将力传递给曲轴,将活塞的往复运动转变为曲轴的回转运动,曲轴带动螺旋桨推动船舶运动。十字头本体和轴承要承受周期性气体的爆发力,十字头滑块要承受侧推力的作用,特别是十字头轴承,由于单向受力和摆动,不易形成良好的润滑,工作条件恶劣。二冲程柴油机中,连杆始终受压,且压力的大小呈周期性变化,运动和受力复杂。连杆十字头的位置如图 4 - 18 所示。

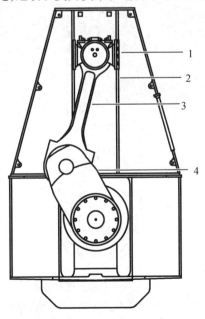

图 4 - 18　连杆十字头的位置

1—十字头;2—导板;3—连杆;4—曲轴

4.3.2 连杆十字头结构组成

1. 十字头组件

MAN 公司生产的柴油机的十字头和连杆机构,如图 4 - 19 所示,十字头主要由十字头本体和十字头滑块组成。十字头有两个滑块,浮动安装在本体两端。十字头本体的中间部分包在十字头轴承内。十字头轴承盖上有切口,是为了方便活塞和十字头能安装到一起。活塞杆下端落在十字头上,由十字头内的导向环导向。活塞杆和十字头间插有垫片,如图 4 - 20 所示,垫片的厚度根据不同机型计算得出,以便与实际柴油机的输出功率相匹配。

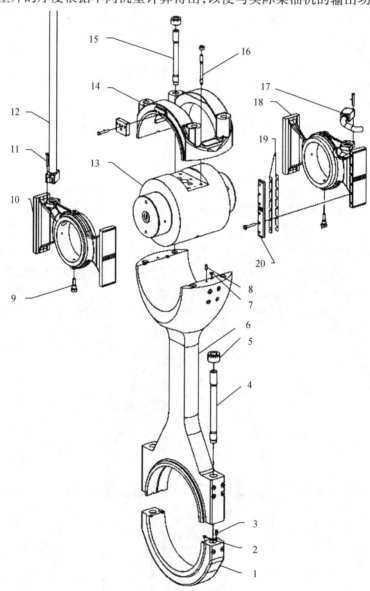

图 4 - 19 十字头连杆机构

1—曲柄销轴承盖;2—螺钉;3—定位销;4—连杆螺栓;5—液压紧致螺母;6—连杆;7—螺钉;
8—定位销;9—止动螺栓;10—滑块;11—螺栓;12—伸缩套管;13—十字头;14—十字头轴承盖;
15—连杆螺栓;16—螺栓;17—出油管;18—滑块;19—垫片;20—侧片

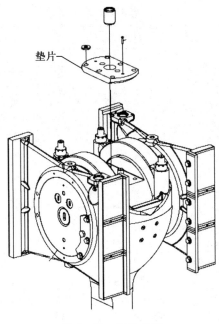

图 4-20　垫片位置

　　向十字头、曲柄销和活塞供冷却油的套管固定在一个滑块上端,活塞冷却油出油管装于十字头滑块的另一端,出油管安装于机架内固定的开槽管(冷却油回油收集管)上下来回滑动。滑块滑动表面浇铸白合金,十字头由机架上的导板导向,十字头轴承由四个螺栓安装。

　　2. 连杆组件

　　十字头连杆一般由小端、杆身和大端组成。MAN 公司生产的柴油机小端由十字头轴承盖、轴承座和螺栓等组成。大端为曲柄销轴承,由轴承盖、轴承座和螺栓等组装成。大、小端的连杆螺栓都是紧配螺栓,保证了轴承盖、轴承座和杆身之间的紧固配合。连杆螺栓是柔性螺栓,有较高的疲劳强度,用专用液压工具上紧,如图 4-19 所示。

4.3.3　连杆十字头总成装配工艺及分析

　　连杆十字头总成装配工艺规程卡,见表 4-4。

表 4-4　连杆十字头总成装配工艺规程

总装制造部 装配工艺规程		机型		工序卡编号	
		工艺名称	连杆十字头总成装配	工位	
		参考图纸		参考标准	
装配附图	工序号	工序名称	工序内容	工具/工装	工时/h
	10	测量十字头各装配尺寸			
	20	检查十字头上平面			
	30	测量压缩比垫			

表 4 - 4(续)

装配附图	工序号	工序名称	工序内容	工具/工装	工时/h
	40	记录数据			
	50	精整连杆			
	60	连杆清洁			
	70	十字头清洁			
	80	滑块清洁			
	90	十字头轴预装			
	100	连杆安放			
	110	安装十字头下瓦			
	120	安装十字头			
	130	滑块安装			
	140	测量间隙			
	150	侧条安装			
	160	完整性检查			
修改日期	修改审核	编制(日期)	校对(日期)	审核(日期)	批准(日期)

连杆十字头总成装配工艺工序内容:

装配使用工具:外径千分尺(500～600 mm)、电子卡尺、内径千分尺(100～1 700 mm)、允许公差≤0.03 mm、铜棒、带磁座百分表、外径千分尺、专用钢丝刷、风钻、内窥镜、编铁丝钳、连杆翻转工具、螺丝刀、十字头吊具、垫木、塞尺、液压拉伸器。

1、测量十字头各装配尺寸

测量十字头轴径尺寸:

(1)两端与滑块装配轴径:$\phi600$,公差范围 - 0.12～ - 0.076 mm;中间轴长:830 mm,公差范围 0.20～0.30 mm;

(2)测量滑块尺寸:

宽度:1 470,公差范围 - 0.1～0 mm;

分中:735,公差范围 - 0.050～0 mm;

轴孔:$\phi600$,公差范围 0～0.07 mm。

(3)根据测量的滑块和大导板尺寸进行滑块匹配并打印缸号:F1,A1,F2,A2,…。具体位置:滑块的燃油侧上平面和十字头的前端轴平面。

2. 检查十字头上平面

(1)使用外径千分尺测量十字头轴颈尺寸。使用电子卡尺测量两端与滑块的装配轴颈:满足 $\phi600^{-0.076}_{-0.12}$ mm,中间轴长满足 $830^{+0.30}_{+0.20}$ mm。使用内径千分尺(100～1700),在允许公差≤0.03 mm 条件下,测量滑块尺寸:宽度为 $1\ 470^{0}_{-0.1}$ mm、分中为 $735^{0}_{-0.050}$ mm、轴孔为 $\phi600^{+0.120}_{+0.076}$ mm。根据测量的滑块和大导板尺寸进行滑块匹配,并打印缸号:F1,A1,F2,A2,…。具体位置在滑块的燃油上平面和十字头的前端轴平面。

（2）使用带磁座百分表检查十字头轴活塞杆地脚面与十字头轴线的平行度。并以十字头活塞杆地脚面为基准,使用百分表检查十字头轴两顶部的高度,要求两高度差不大于0.03 mm,如果不满足要求返床修理。检查十字头上平面,如图 4 - 21 所示。

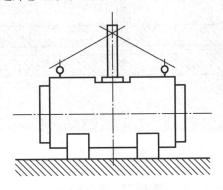

图 4 - 21　检查十字头上平面

3. 测量压缩比垫

使用外径千分尺测量压缩比垫厚度($\delta = 42$),测量前后 6 个点,平行度应不大于 0.03,否则修理。检查压缩比垫棱边、倒角、十字头倒边,保证压缩比垫与十字头上平面完全接触并保证垫没有变形。

4. 记录数据

将所得到的数据记录到装配自检表格。

5. 精整连杆

精整并清洁所有待装的零件,回攻螺纹孔;所有轴承座、轴承盖打磨去毛刺,检查十字头瓦盖,开口档距和瓦盖拉伸器圆角。

6. 连杆清洁

（1）准备工作,精整并清洁所有待装的零件,回攻螺纹孔;所有轴承座、轴承盖打磨去毛刺,检查十字头瓦盖,开口档距和瓦盖拉伸器圆角。

（2）将专用风动钢丝刷固定在风钻上刷洗泄油孔中间孔 $\phi60$ mm（注意:油槽位置不要有飞刺）。

（3）用抹布清洁打磨后的油孔,然后用专用白布条清洁干净。

（4）冲洗结束后用压缩空气吹净油道,交质检人员检查,检查合格后将外露油孔用胶布封死。注意:如果存放时间较长,可将内孔喷涂保养油。连杆清洁,如图 4 - 22 所示。

7. 十字头清洁

（1）将专用风动钢丝刷固定在风钻上刷洗十字头油孔 $\phi50$ mm、$\phi55$ mm、$\phi72$ mm 和 $\phi80$ mm（注意:刷洗时不要破坏孔口螺纹）。

（2）用风钻（带白布条）清洁打磨后的油孔。

（3）冲洗结束后用压缩空气吹净油道,交质检人员检查,检查合格后将所有外露油孔用胶布封死。用抹布清洁打磨后的油孔,然后用压缩空气吹净油道并交质检人员检查,检查合格后对外露孔进行封口。十字头的清洁,如图 4 - 23 所示。

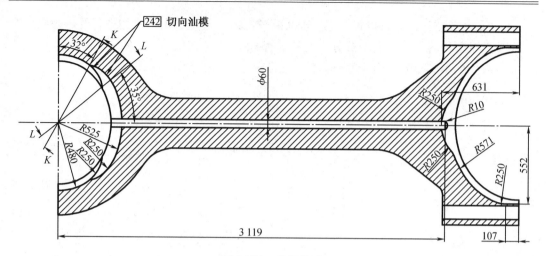

图 4 – 22   连杆清洁

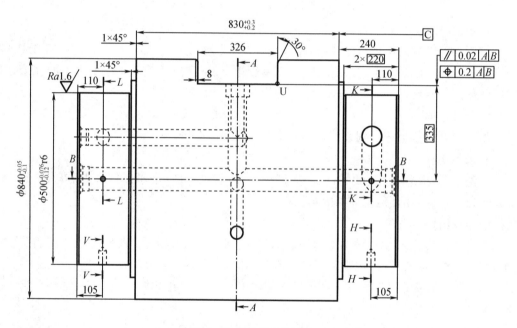

图 4 – 23   十字头的清洁

8. 滑块清洁

（1）将专用风动钢丝刷固定在风钻上刷洗滑块油孔 ϕ16 mm；

（2）用抹布清洁打磨后的油孔，然后用压缩空气吹净油道并交质检人员检查，检查合格后对外露孔进行封口。

9. 十字头轴预装

（1）安装十字头端丝堵 4 × G2A，螺纹表面涂 Loctite 243。

（2）安装十字头两端丝堵 2 × G3A，螺纹表面涂 Loctite 243。

将丝堵铆死，如图 4 – 24 所示。

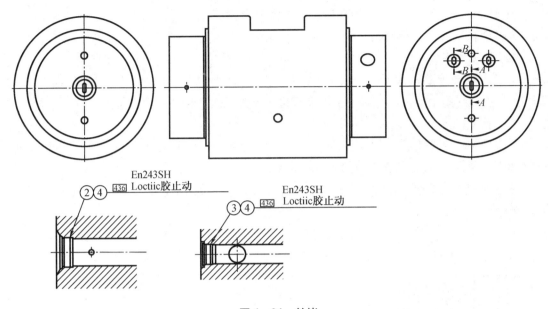

图 4 - 24　丝堵

十字头轴预装,如图 4 - 25 所示。

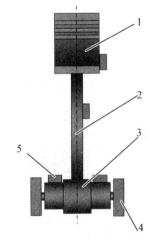

图 4 - 25　十字头轴预装

1—活塞;2—活塞杆;3—十字头;4—滑块;5—水平仪

10. 连杆安放

(1)精整预装地沟内的垫轨,保证无高点,在垫轨上铺保养纸。

(2)使用连杆翻转工具,把连杆吊入预装地沟,曲柄销端固定在垫轨上。

连杆安放,如图 4 - 26 所示。

注意:在垫轨摆放间距不得小于 1 700 mm。

11. 安装十字头下瓦

安装十字头下瓦,瓦背均匀涂抹一层薄薄的滑油,并按对角顺序把紧压瓦螺钉 4 × M12 及特制止动板。

注意:(1)压瓦螺钉平面不能高出连杆本体平面;

(2)适当调整压瓦螺钉,保证下瓦在瓦座内居中安装。

12. 安装十字头

仔细检查十字头轴表面是否清洁、无指纹,然后在十字头下瓦均匀抹壳牌 S3V4602 轴承用润滑脂,利用十字头吊具将十字头吊具将十字头吊入下瓦并对中安装。

13. 滑块安装

(1)安装十字头上瓦,瓦背均匀涂抹一层薄薄的滑油,并用压螺钉 4 × M12 及特制止动垫对角紧固在十字头轴承盖上,注意对中。

(2)四个十字头液压拉伸器同时液压上紧十字头轴承螺栓,上紧压力为 2 200 bar,并测量记录液压螺栓的伸长量。

(3)安装止推板,用 3 × M27 螺栓上紧,上紧力矩为 850 N·m,并用铁丝锁紧。

滑块安装,如图 4 – 27 所示。

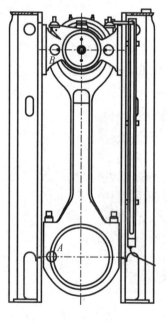

图 4 – 26　连杆安放

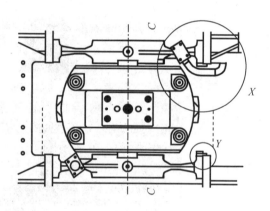

图 4 – 27　滑块安装

14. 测量间隙

(1)测量两侧止推块与连杆小端侧端面之间的间隙,如果不在 0.3 ~ 0.7 mm 范围内,则通过在两侧加铜皮垫保证间隙在图纸要求范围内,并用铁丝锁紧螺栓。

(2)左右转动十字头轴,测量轴承间隙,并交质检人员验收天地间隙:0.35 ~ 0.60 mm。

15. 侧条安装

(1)分别在滑块燃油侧和扫气侧安装侧条及其调整垫片:$\delta = 0.25$ mm^{-2} 个/侧条、$\delta = 0.50$ mm^{-2} 个/侧条,用手带靠 M27 螺栓。

(2)按打印标记将滑块装在相应十字头轴上,并测量与轴配合间隙:间隙 0.076 ~ 0.190 mm。

16. 完整性检查

检查组件的完整性、螺栓紧固及保险。安装结束后,对组件做好清洁工作,后按照"十字头防护规整"防护。连杆十字头预装。

4.4　机座总成装配

4.4.1　机座的作用

机座是整台柴油机的安装基础,机座的定位与安装十分重要,其质量不仅直接影响整台柴油机的质量和可靠运转,而且直接影响船舶推进系统的质量和可靠性。所以,机座的定位与安装是柴油机在船上安装的关键。

机座的作用:(1)承重;(2)受力;(3)集油。

4.4.2　机座结构的组成

机座是整台柴油机的基础,其结构包括机座下平面、机座地脚螺栓、机底壳、机座上平面和机座水平调整螺栓等几部分组成。机座下平面主要是用于与装配过程中水平地面接触或者柴油机装船时与船体基座相连接,其主要作用是对柴油机的整体起到支撑作用。机座地脚螺栓的作用主要是起到固定柴油机与船舶基座的作用,机底壳则大多是用于收集柴油机循环下来的润滑油,机座上平面则是与柴油机机架相连接,机座水平调整螺栓则是用来调整机座水平的部件。机座结构组成,如图4-28所示。

4.4.3　机座总成装配工艺及分析

柴油机在制造过程中,低速机一般都是分段组装的,最后将组装好的分段再进行总装,机座在装配过程中最重要的就是找水平,其前期的装配上架工作相对来说还是很简单的事情。

机座定位安装必须保证机座上平面的平直,以保证机架、气缸体安装的正确性。要求机座地脚螺栓均匀上紧后,机座上平面的平面度应与台架安装时平面度基本相符,或横向直线度应不大于0.05 mm/m,纵向直线度应不大于0.03 mm/m,机座全平面内平面度应不大于0.10 mm,在将机座的各方位水平找准以后,用塞尺检查找准后的机座水平是否满足装配工艺的技术要求,在确认已满足技术要求以后,将机座提交予质量检测部,在质量检测部验收合格的情况下,将机座的边角螺栓用泵车泵紧。待机座各角螺栓泵紧以后,再用塞尺检查各平面的间隙是否在误差范围以内。

机座总成装配工艺规程卡,见表4-5。

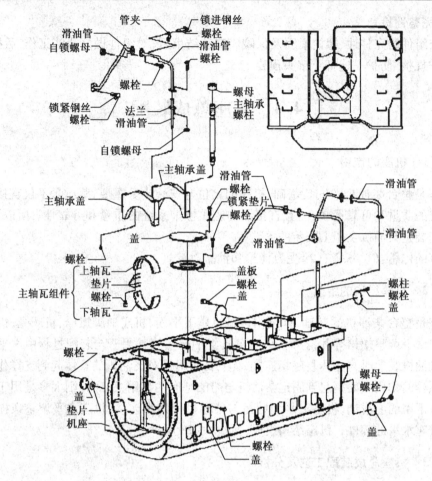

图 4 – 28   机座结构组成

表 4 – 5   机座总成装配工艺规程

总装制造部 装配工艺规程		机型		工序卡编号	
		工艺名称	机座总成装配	工位	
		参考图纸		参考标准	
装配附图	工序号	工序名称	工序内容	工具/工装	工时/h
	10	清理瓦座			
	20	丝对安装			
	30	安装主轴承下瓦			
	40	清理减震器			
	50	检查零件			
	60	油封搭口间隙			
	70	减震器组装			
	80	连接上下壳体			

表 4 - 5(续)

装配附图	工序号	工序名称	工序内容	工具/工装	工时/h
	90	轴向减震器找正			
	100	刮油环壳体找正			
	110	曲轴安装			
	120	安装瓦盖			
	130	安装盘车机			
	140	盘车机间隙调整			
	150	盘车机定位			
	160	吊装推力块			
	170	检查尺寸			
修改日期	修改审核	编制(日期)	校对(日期)	审核(日期)	批准(日期)

机座总成装配工艺工序内容:

1. 清理瓦座

清洁机座主轴承受台、主轴承压瓦工装螺孔及主轴承丝对。

2. 丝对安装

旋入丝对,丝对旋入端涂二硫化钼,检查各丝对露出量,偏差若超过 3 mm 需进一步检查。

3. 安装主轴承下瓦

检查轴瓦外观质量及标记,清洁主轴承座,在下瓦瓦背涂一层薄滑油,然后安装下瓦,并安装压瓦工装,在上下瓦的前端面打钢印。注意:1#、4#、5#、6#和7#主轴承下瓦为特殊的BE 瓦。

4. 清理减震器

检查并清洁安装接触面,除毛刺并清洁减震器上、下半壳体,清理油道。

5. 检查零件

按图纸仔细检查油封槽内部、槽的圆角和倒角及光洁度,封堵油孔。

6. 油封搭口间隙

地面检查减震器油封的搭口间隙和突起尺寸,必要时修理油封。

大环:10 + 24 公差范围(0 ~ +1)mm;

小环:8 + 22 公差范围(0 ~ +1)mm。

7. 减震器组装

在上半壳体上安装节流片 4 组,厚度排列顺序依次是:1→5→1→5→1→5→1→5→1→5→1→5→1→5→1→30,拧紧螺栓并用止动垫锁死,螺栓上紧力矩为 165 N·m。

8. 联结上下壳体

用木方支撑固定下半壳体并安装丝对,旋入力矩为 150 N·m,安装上半壳体并拧紧螺母,上紧力矩为 1 650 N·m 或预紧 150 N·m +150°;然后将减震器整体吊装至机座自由端减震器定位槽里,对称上紧减震器与机座螺栓,上紧力矩为1 650 N·m。

9. 轴向减震器找正

以1#主轴承孔为基准,检查、调整中心孔与1#主轴承、中心同心并保证四周2.4 ± 0.20 mm间隙,然后上紧螺栓,上紧力矩为950 N·m,注意加止动垫、钻销。

10. 刮油环壳体找正

在机座输出端安装刮油环壳体总成并找正,在下半壳体钻配定位销孔2×φ10,密封面涂Loctite 587,上紧螺栓M16,上紧力矩135 N·m;拆除上半壳体以备曲轴吊装。

11. 曲轴安装

(1)拆除压瓦工装,然后将主轴承上瓦吊起安装到机座内。并在瓦背均匀涂抹滑油;

(2)在机座燃油侧中间体上安装一个φ18定位销;

(3)在主轴承下瓦均匀涂抹壳牌S3V4602轴承用润滑脂,检查核实曲轴吊点并将曲轴及其附件缓慢吊入机座,抽出曲轴吊具。

12. 安装瓦盖

检查并清洁主轴承上瓦及盖,利用主轴承盖吊具,将上瓦及主轴承盖安装到位并用2 200 bar上紧,安装减震器上半壳体并用1 650 N·m上紧;利用封堵将主轴承油孔封堵,防止杂物掉入。

13. 安装盘车机

(1)盘车机拆箱,清洁并检查有无明显缺陷,精整底座平面及垫;

(2)将盘车机吊装到机座盘车机座上,加垫并稍微上紧固定螺栓,将盘车机旋到脱开位置,电工接临时线。

14. 盘车机间隙调整

啮合盘车机,调整盘车机的位置及双齿中心对齐,使其满足盘车机与飞轮齿间隙:齿侧3 ± 1 mm,齿底27 ± 1 mm,着色检查,齿面着色痕迹平行,着色面积不小于75%;单个齿间隙相差不大于0.5 mm。盘车机间隙调整,如图4 – 29所示。

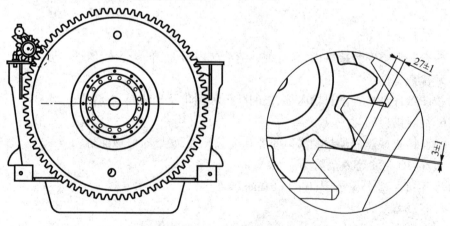

图4 – 29　盘车机间隙调整

15. 盘车机定位

上紧盘车机固定螺栓,现场钻配2×φ16,1:50锥形销孔并安装锥形销。

16. 吊装推力块

在推力块白金面涂滑油,将正倒车推力块利用随机工具装入座圈,有测量孔的推力块放在正车第一块,装配前检查螺纹与传感器螺纹相同,安装推力块压盖并上紧螺栓 1 650 N·m。

17. 检查尺寸

检查以下尺寸:曲轴串量:0.5 ~ 1.0 mm;主轴承间隙:0.30 ~ 0.65 mm。

推力块压盖与推力块间隙:一端为 0,另一端为 3 ± 2 mm;检查尺寸,如图 4 - 30 所示。

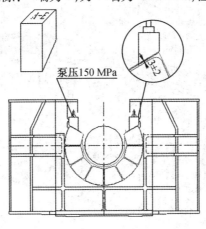

图 4 - 30　检查尺寸

曲轴串量、静态拐档差需要交验。

4.5　机座机架合拢装配

4.5.1　机架作用

机架安装在机座的上面,和机座一样,机架也是由一部分或几部分组成。在其后端按照有链传动机构,机座和机架合起来来构成船用柴油机的曲柄箱。机架也是以受力为主的部件,因此要求其有足够的强度和刚度。机架的定位与安装十分重要,其质量不仅直接影响整台柴油机的质量和可靠运转,而且直接影响船舶推进系统的质量和可靠性。

4.5.2　机架结构组成

机架上装有钢板的机架门,以便于检查十字头、主轴承和曲柄销轴承。在柴油机的排气侧装有防爆门和油雾探测器的管系接头座。柴油机的机座、机架和安装在机架上的气缸体用贯穿螺栓紧固地连接成一体,构成柴油机的固定件。机架结构组成如图 4 - 31 所示。

4.5.3　机座机架合拢装配工艺及分析

机架在机座上纵向定位,利用机座首端或尾端端面上的定位基准块来实现定位,实际操作过程中定位销可以确定定位基准,是一个比较重要的标准件。机架上对应端面与机座上基准面要紧贴且要保证 0.05 mm 塞尺插不进。

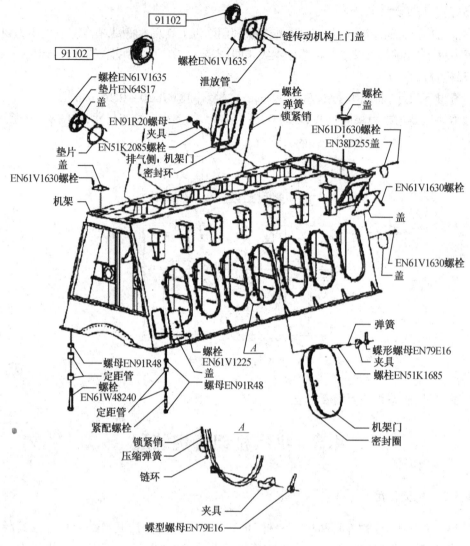

图4-31　机架结构组成

机架横向定位采用拉线法。在机架首、尾两端导板中央分别拉铅垂钢丝线。测量机座上平面上的机架左、右两侧面距钢丝线的距离,并使之相等,即 $a=b$,则机架横向准确定位。对于机架安装时,要求机架下平面与机座上平面应紧密接触,用 0.05 mm 塞尺检查应插不进;局部用 0.10 mm 塞尺检查插入深度不大于 30 mm;0.15 mm 塞尺插不进。可在结合面上涂抹密封胶 6134 使接触紧密。机架安装后其上平面的平面度误差不大于 0.06 mm(即6丝)。

贯穿螺栓将柴油机的机座、机架、气缸体紧固地连接成一体,构成柴油机的固定件。贯穿螺栓安装前,将上部螺母、上中间环和贯穿螺栓螺纹部分清洁并涂二硫化钼,再将贯穿螺栓安装到贯穿螺栓孔中。

机座机架合拢装配工艺规程卡,见表4-6。

表 4 – 6　机座机架合拢总成装配工艺规程

总装制造部 装配工艺规程		机型		工序卡编号	
		工艺名称	机座机架合拢装配	工位	
		参考图纸		参考标准	
装配附图	工序号	工序名称	工序内容	工具/工装	工时/h
	10	清理连接面并涂胶			
	20	吊具安装并整理机架下平面			
	30	机架上实验台			
	40	安装连接螺栓			
	50	安装大罩壳			
	60	铣紧配螺栓孔			
修改日期	修改审核	编制（日期）	校对（日期）	审核（日期）	批准（日期）

机座机架合拢总成装配工艺工序内容：

1. 清理连接面并涂胶

清洁并精整机座上平面，及机架上平面和机架内部的导板及其他零部件，在机座上平面沿连接螺栓孔均匀涂 Loctite 587 密封胶。

2. 吊具安装并整理机架下平面

仔细检查清洁机架的下平面，打磨高点和毛刺；注意：在清洁机架下平面时，在机架下面放妥两个支架，以防机架突然坠落。

3. 机架上实验台

检查紧配螺栓孔尺寸是否一致。将机架吊上机座，在机架其中两个紧配螺栓孔中插入两个导向定位销，调整机架以引导导向销缓缓插入机座定位螺栓孔。

4. 安装连接螺栓

穿妥机架与机座的连接螺栓 M42、定距管并拧紧螺母，拧紧力矩为 2 600 N·m。

5. 安装大罩壳

装妥机架前端大罩壳，机座密封面涂 Loctite 587，机架密封面粘 3 mm 垫片，并把紧螺栓。

6. 铣紧配螺栓孔

铣铰紧配螺栓孔（φ45），穿入 6 个紧配螺栓并拧紧螺母 2 600 N·m 或 200 N·m + 45°。

4.6　本章小结

本章主要对船用低速柴油机主机部件装配工艺进行阐述，论述气缸盖排气阀总成装配工艺及分析，论述活塞总成装配工艺及分析，论述十字头连杆总成装配工艺及分析，论述机座总成装配工艺及分析，论述机座机架合拢总成装配工艺及分析。

思　考　题

1. 论述气缸盖装配工艺及分析。
2. 论述气缸盖排气阀总成装配工艺及分析。
3. 论述活塞总成装配工艺及分析。
4. 论述连杆十字头总成装配工艺及分析。
5. 论述机座总成装配工艺及分析。
6. 论述机座机架合拢总成装配工艺及分析。

第5章　船用柴油机数字化装配工艺

5.1　引　　言

通过船用柴油机数字化装配研究,可以有效地指导船用柴油机车间实际装配制造过程,有利于装配结构和装配工艺设计的合理化,优化设计周期,降低设计者知识局限性和主观性的影响,对于降低产品设计开发费用、缩短船用柴油机建造周期、改善工人劳动强度、提高建造质量具有重要的意义。

装配规划是在给定产品与相关制造资源的完整描述前提下,得到产品详细的装配方案的过程,对指导产品可装配性设计、提高产品装配质量和降低装配成本具有重要意义。产品的装配规划通常需要得到零部件的装配序列、装配路径、使用的工装夹具和装配时间等内容。

现在,许多企业仍然沿用传统的二维工艺文件加手动装配的技术,其与数字化制造、数字化装配的时代发展趋势是落后的,尤其在船舶制造领域,这种传统工艺严重影响了船舶柴油机的生产能力,以及设计和开发新的船用柴油机的能力。各个部件的零件数目多,结构繁杂,装配要求高,装配周期长是船用柴油机的特点,为了提升船用柴油机制造的竞争力,数字化装配工艺的研究是首要任务。

5.2　船用柴油机数字化装配关键技术

5.2.1　船用柴油机数字化装配建模技术

(1)数字化装配信息建模

数字化装配信息建模的主要任务是根据数字化装配系统中装配顺序规划、装配过程仿真以及其他后续环节所需的信息建立一个层次清晰、信息完整的信息模型,最终通过 CAD 软件的二次开发技术提取出装配规划所需的装配零件属性信息、总装配体与子装配之间的层次关系信息、约束等信息,并对其进行补充以满足数字化装配系统各个环节所需。数字化装配系统中的模型信息不仅包含零件自身的属性信息,而且可以表达零件间的位置关系、配合关系等零部件的内外关联关系。目前,国内外的科研人员构建的装配模型主要有三类:图结构模型,树状层次模型和基于虚链的混合模型。

图结构模型是指以图的形式来描述产品中零部件之间的关系,这种结构的特点是能直观地表达零部件间的装配关系,缺点是无法表达产品层次关系。

树状层次模型是指利用树形的层次结构,表达产品的内部结构和零部件的装配关系。

基于虚链的混合模型是指以层次模型为基础,利用虚拟链来表达子装配体的装配关系,这种模型的缺点是维护比较困难。

基本要求:可以准确详尽地表达出产品装配信息;创建起来方便,拓展起来容易;适用于整个装配体设计的不同阶段;与现有的 CAD 系统、PDM 系统能够有效地融合到一起。

(2)装配模型信息提取技术

根据装配信息建模提供的装配信息模型,对产品数字化装配模型进行信息提取,主要包含零部件基本属性信息,装配体层次信息,以及装配关系信息等。

船用柴油机数字化装配信息模型是船用柴油机数字化装配序列优化的基础,不仅需要包括其几何模型,还要包含其他相关的生产信息。主要内容有:管理信息层、特征属性信息层、装配关系信息层、装配工艺信息层。

(3)MBD 模型

基于模型的定义(Model-Based Definition,MBD)技术,是产品信息表达的先进方法,其核心是用集成的三维实体模型来组织制造过程的各类信息,产品信息的管理通过三维模型进行,一般情况下不再需要二维图纸。通过将产品模型的几何信息和非几何信息以三维标注的形式在装配体模型上进行表达,这种信息数据的表达模式,大大地提高了产品信息表达的直观性,对缩短产品的生产周期有重要作用。

MBD 技术最早由美国波音公司提出和应用,在波音 787 的制造过程中,全程实现了无纸化生产,并在缩短研制周期,减低研制成本方面取得了很好的效果。针对我国船用柴油机装配制造过程中以二维图纸为主的现状,研究基于 MBD 的装配信息数字化定义技术,将船用柴油机的设计制造信息集成在三维实体模型下实现无纸化设计,消除二维工程图样在信息表达与传递方面的弊端,实现船用柴油机设计制造模式转变,提高柴油机的生产效率。

5.2.2　船用柴油机数字化装配序列规划技术

装配序列规划是指通过分析、提取和满足产品的设计装配信息,得到几何可行的装配序列,同时按照一定的评价标准,寻找最优的装配序列,从而最大限度地满足装配要求。

装配序列规划利用装配经验结合几何体的约束优先条件,寻找一条合理的、可行的装配序列和装配路径。起初,科研人员是利用产品装配规则和装配约束,推理出简单装配体的装配序列。目前,科研人员也研究将人工智能技术引入装配序列规划中,通过智能优化算法来对可行装配序列进行评价,获得最优的装配序列。

对装配序列规划(Assembly Sequence Planning,ASP)的研究已成为国内外制造工艺方面的研究热点。近年来,很多研究人员对该领域进行了一定的研究探索,如采用遗传算法、模拟退火算法、神经网络算法、基于多色集合的算法等来进行装配序列规划。

通过利用遗传算法的基因组来描述装配信息,研究了基于遗传算法的装配序列规划技术。该方法将改进的基因算法与产品装配结合起来,不仅能够优化零件的装配序列,还能优化装配过程中的其他信息。

采用基于退火算法的复杂产品装配序列规划方法,分析了传统装配序列规划的不足,建立了考虑子装配体稳定性的目标函数,确保算法最终收敛到最优或近优解。研究基于模拟退火算法的装配序列生成与优化,分析优良的装配序列应满足的多种约束条件,利用产品的设计和装配信息,确定相应约束矩阵,采用模拟退火算法进行最优选择。

研究基于免疫算法的装配序列规划问题,能够有效地解决未成熟收敛及搜索时间过长的问题,改善了全局收敛性能并提高了收敛速度。

船用柴油机数字化装配序列规划主要内容：

(1)建立产品的装配模型(包含几何、物理、约束等信息)；

(2)提取装配序列规划信息；

(3)判断工序部件；

(4)应用相应的算法，规划合理的装配序列集 C；

(5)对装配序列集 C 进行约束评价，得到最优的装配序列 Sq；

(6)对于选出的装配序列 Sq，按照实际约束条件进行调整优化。

装配序列的合理可行性可以通过虚拟装配来验证分析。采用仿真软件构建产品的实体模型，在计算机虚拟环境中，按照一定的装配序列和装配路径，不断调整控制产品各组成零件的空间位置姿态和物理属性，从而模拟零件的装配，并实时进行干涉分析和碰撞检测，调整装配序列或装配路径直至达到预期的装配效果。

装配序列规划问题的复杂性决定了规划过程中需要多种装配知识的共同指导，要想完全地获取各种装配知识，并且将其合理地表达出来，是十分困难的，这也是制约装配序列规划方法发展的重要原因。

5.2.3　船用柴油机装配可行性评价技术

可行的装配序列是指在一定的装配工艺条件下，零件按照这样的装配序列能够组装成满足最终要求的产品。可行的装配序列必须满足以下条件：零件稳定性、有效装配顺序、可操作的连接工艺、零件一致性。

5.2.4　船用柴油机数字化装配路径规划技术

装配路径规划是在装配建模和装配序列规划的基础上充分利用装配信息进行路径分析和求解判断并生成一条合理的装配路径，从而达到优化设计的效果，同时，也用于验证产品设计和装配序列是否合理，以便于及时进行修正。零件几何体的空间路径规划，就是计算零件几何体从起始位置到终止位置的移动路线，避免在移动过程中与障碍物或其他零部件发生碰撞，并考虑装配工具的操作空间，得到预期可行的运动路径。

船用柴油机数字化装配路径规划，通过船用柴油机关键部件、装配资源的建模，结合三维虚拟仿真软件，对其零部件的装配路径进行仿真，并规划出合理的装配路径。借助仿真软件对其装配路径进行干涉检查，并生成三维工艺文件。

5.2.5　船用柴油机虚拟装配技术

虚拟装配技术作为一项综合性的装配工艺规划技术，涉及的技术领域非常丰富，包括虚拟现实、计算机技术、网络技术、机械建模、人工智能、产品制造工艺等。目前，国内外对虚拟装配系统的研究主要集中在以下几个方面：面向装配的模型构建技术，虚拟空间模型重构与数据转换技术，面向装配的碰撞检测与碰撞响应技术，装配约束识别、动态管理及零部件精确定位技术，装配序列规划与装配可行性评估技术等。

总体来说主要包括：

(1)原始装配模型构建与数据转换技术。

(2)面向装配的模型构建技术。装配模型的实质是产品及其设计、装配信息的一种集成式表达,它包括零部件的几何信息、物理属性信息、零部件间的装配约束关系、拓扑关系、装配位置关系等信息。

(3)虚拟零部件的碰撞检测技术。

(4)基于自由度约束的零部件装配精确定位技术。

(5)基于智能优化的装配序列规划技术。

(6)装配序列评价与可行性评估技术。

5.2.6 船用柴油机刚柔混合的装配工艺规划关键技术

船用柴油机具有系统组成复杂、制造过程复杂等特点,尤其在进行装配生产时,大量刚性零件和柔性零件的混杂组装使得安装空间错综复杂,装配复杂性直接影响了此类产品的装配时间、成本和质量。如何从装配方法和装配手段等方面来提高该类产品的装配质量和效率,是目前急需解决的问题。针对船用柴油机刚柔混合的装配工艺规划中存在的细长柔性零件物理建模、实时碰撞检测、刚柔混合装配规划等一系列问题,以离散力学、数值计算理论、智能计算、计算机图形学理论、人机交互理论等为理论基础,提出相应的解决方案。

5.3   船用柴油机十字头连杆装配

5.3.1   总体方案设计

船用柴油机十字头连杆装配包括三个工作层面:在规划算法和 CATIA 建模资源(包括零件信息和装配资源信息)的结合下生成规划序列;在虚拟环境下进行装配规划仿真,规划出符合装配序列的规划路径;在前两个阶段的基础上,进行干涉碰撞检测和装配体静态干涉检查,最终实现装配过程的仿真。

装配规划顺序图的三个重要环节依次是零件资源建模,序列规划,路径规划:

(1)零件资源建模环节   该环节主要是对船用柴油机的十字头连杆进行各个零件建模,然后是设计装配工艺,完成零件的虚拟装配并获得相关的信息,如装配连接信息,装配零部件的物理信息,尺寸信息,并以表格的形式输出到相应的文件夹内。

(2)序列规划环节   该环节首先采用合理的规划算法,对十字头连杆进行装配序列规划;并利用装配评价标准体系和相应的经验评价方法对获得的序列进行评价,从可行的装配序列集 A 中获得最优装配序列 Sq。

(3)路径规划环节   依据十字头连杆的总装顺序,通过平台 CATIA – DMU 模块开展虚拟路径规划,能获取最优的总装路径;通过干涉检查后,生成指导实际生产的装配仿真动画。

结合 CATIA 三维建模软件提取装配零件的尺寸、连接、物理、干涉信息。报告对船用柴油机十字头连杆零件的装配序列进行了规划,此算法在理论上可以得到最优的装配序列,但还需要经过一定的评价手段才能使用。

主要的船用柴油发动机十字头连杆零件信息和装配体信息有:装配图形树结构、零件物理、运动、连接、相邻、干涉信息和其他如装配空间等信息。在表 5 – 1 中显示了船用柴油机的十字头连杆的组装信息。

表 5 - 1　十字头连杆装配信息表

物理信息	零件数量、几何尺寸、零件质量
连接信息	零件螺纹连接,键连接
邻接信息	零件邻接矩阵
运动信息	零件装配运动方向
其他信息	操作工具,装配空间

以连杆螺栓的装配为例,如图 5 -1 所示;连杆螺栓是十字头连杆装配部件的重要连接件,在轮盘装配过程中,用液压紧致螺母 3 把其紧固在连杆 1 上,液压紧致螺母 3 和连杆 1 相连接又与连杆螺栓 2 有连接关系,同时连杆 1 和连杆螺栓 2 都为已经参与装配的零件;装配序列规划如果再次走到现在这个步骤时,就应跳过液压紧致螺母 3,继续规划装配体其他的零部件。此时可称液压紧致螺母 3 为尾部部件。

确保步骤成员蚂蚁编程算法的连续性,防止进入尾部部件判断的循环中无法中断,并确定子组件以避免重复。在循环蚁群算法中,需要为组件的每个部分确定装配约束情况,从而确定尾部部件成员,而这就离不开装配体连接矩阵的建立。

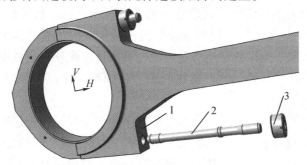

图 5 -1　十字头连杆螺栓

1—连杆;2—连杆螺栓;3—液压紧致螺母

根据对船用柴油机装配的经验和研究,通常情况下,尾部部件其实就是螺母、螺钉、螺丝这些紧固连接件。因为装配前的零件要在最后的组装操作中连接,每个装配过程都会被固定。在单独的整机装配中,通常都有若干个尾部构件和步骤顺序集的组合可以具有相同的组件。因此,尾部部件的判断过程通常可以验证所生成的装配序列是否正确,从而简化计算步骤。

船用柴油机的十字头连杆装配序列规划的过程,可以总结为下述流程图。装配序列规划流程如图 5 -2 所示。

在图 5 -2 中,使用正确的规划算法进行装配序列规划这一步是重中之重,采取适当改进优化后的蚁群算法来进行装配顺序规划。

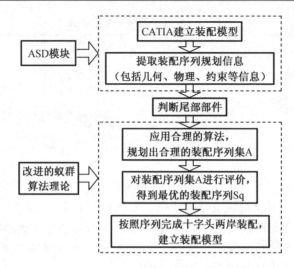

图 5-2 装配序列规划流程

5.3.2 十字头连杆装配序列规划

装配模型信息的表示是装配序列规划中的关键技术之一。装配模型的表示是装配序列规划的前提和基础,装配模型不仅能保证装配序列生成时所需的装配信息,还能直观地表达装配体的层次关系。为了更好地满足大规模装配体装配序列生成的需要,可以采用层次关系与连接关系图相结合的层次连接图模型。该模型既保证了装配信息的完备、直观,也提高了装配规划的效率。

关键技术之二为装配序列的生成技术。装配序列的生成是装配序列规划的核心,可行的装配序列不仅能够缩短装配时间、降低生产成本,还能够提高产品的质量。在层次连接图装配模型的基础上介绍了层次连接图割集法装配序列生成,利用层次连接图割集法解决在装配过程中随着装配体数目增多而产生序列爆炸的问题。对层次化之后具体的组件之间的装配问题进行探讨,提出了装配流程及装配状态集,通过对状态集中状态的有效性筛选,大大减少了无效装配序列的生成。

关键技术之三是装配序列的评价方法的研究:对生成出可行的装配序列进行评价,在装配序列评价方法的基础上,从对装配的工艺性的影响因素方面进行分析,阐述了十多种装配序列评价指标,根据评价的需要将这十多种装配序列评价指标概括为单元评价指标和整体性评价指标,考虑序列并行性的特点及单元体间的次序关系对装配性能的影响程度,采用单元评价与整体性评价结合的原则,从而选出最优的装配序列来应用于实际的生产中。

1. CATIA 装配建模

十字头连杆的装配资源建立和零件建模过程是在 CATIA V5-6R2015 软件平台下进行的,连杆模型如图 5-3 所示。

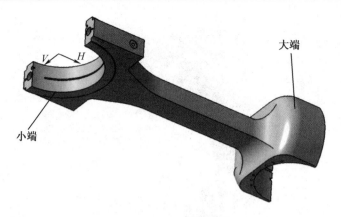

图 5 - 3　连杆模型

在开始十字头连杆零件建模之前,需要充分考虑下面两个问题:

(1)结构树关系

在所有复杂的总装体里,每个部件都有零件的装配树。每个装配树都是由若干相连接的零件构成,这些零件共同构成一个完整的装配部件。结构树层次鲜明,装配树的首个树枝就是总装体,下端分出的树枝是所有连接的零件,中层结构是零件组成的部件。结构树可以直观地表达零件、部件、总装设备之间的装配逻辑,对于分析装配序列规划有很好的作用。

连杆的小端与曲柄销和曲柄销轴承盖相连接,十字头的大端与十字头和十字头轴承盖相连接。其是将活塞的动力和运动传递给曲轴的关键构件。十字头模型如图 5 - 4 所示。

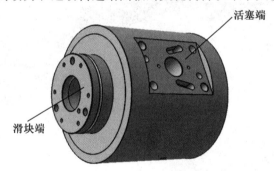

图 5 - 4　十字头模型

活塞端连接的是上级的活塞部件,用来传递活塞的动力,其滑块端连接的是滑块部件,带动十字头随着活塞的运动在导轨上上下滑动,传递运动。同时与连杆大端和十字头轴承盖有连接信息。

曲柄销轴承盖是将连杆小端与曲柄销相连接的重要零件,作用是和连杆小端构成曲柄销滑动轴承,传递曲轴的大型扭矩。因为强度和连接要求,在建模的同时要充分考虑连接信息和装配信息。建立的曲柄销轴承盖模型如图 5 - 5 所示。

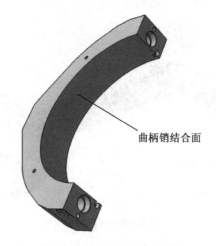

图 5 - 5　曲柄销轴承盖模型

在建立的模型中,十字头连杆的所有重要零部件有:连杆,内六角螺钉、定位销、轴瓦、曲柄销轴承盖、连杆螺栓、液压紧致螺母、十字头、十字头轴承盖、扇形块和六角螺钉。十字头连杆装配模型如图 5 - 6 所示。十字头连杆装配爆炸图如图 5 - 7 所示。

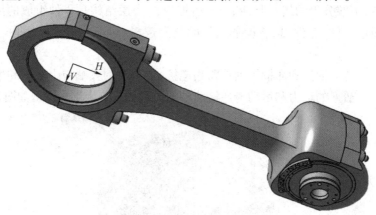

图 5 - 6　十字头连杆装配模型

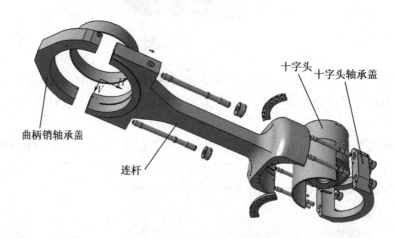

图 5 - 7　十字头连杆装配爆炸图

（2）约束配合关系

当用 CATIA 装配设计模块开始十字头连杆装配设计时,要充分了解所有零件之间是否存在约束和约束的类型。如果约束设置恰当,将使后续零件连接矩阵的创建更加完善。在十字头连杆装配中,所用到的零件约束关系主要有:同心、接触、偏移和角度等。每个约束有对应的两个零件,比如连杆螺栓和连杆的约束就是同心加偏移约束,确定了所有零件的约束关系后既可以建立零件的连接矩阵。并通过后续的仿真完善矩阵,为路径规划内容打下基础。

2.装配信息提取

使用手动建立表格的办法来获取总装体的零件信息和装配资源信息。在 CATIA 软件中,将十字头连杆模型装配完成之后,可通过装配设计模块中“物料清单”工具导出模型的一些基本信息,主要包括:零件材料和零件编号等。然后根据相关手册和建模信息,获得零件的质量、装配工具、零件被包围程度、最大尺寸和装配空间富裕度。在十字头连杆装配中,零部件的信息制成一个表格,作为算法使用,如表 5 – 2 所示。在算法程序建立完成后,进行序列规划。

表 5 – 2　装配信息表

数量	零件编号	类型	代号	操作工具	零件质量/kg	被包围程度	装配空间	最大外形尺寸/mm
1	liangan	零件	P1	0	1575	0.01	0.01	2248
4	neiliujiao	零件	P2	1	0.078	1	0.01	48
2	dingweixiao1	零件	P3	1	0.05	1	0.01	30
1	zhouwa2	零件	P4	0	52	1	0.01	731
1	zhouchenggai1	零件	P5	0	203	0.01	0.01	950
2	luoshuai64	零件	P6	1	15.5	0.01	0.01	762
2	yeyaluomu64	零件	P7	1	1.6	0.01	0.01	140
1	zhouwa1	零件	P8	0	54.6	1	0.01	610
1	shizitou	零件	P9	0	1572	1	0.01	740
4	dingweixiao	零件	P10	1	0.16	1	0.01	72
1	zhouchenggai2	零件	P11	0	199	0.01	0.01	792
4	luoshuai48	零件	P12	1	6	0.01	0.01	517
4	yeyaluomu48	零件	P13	1	0.6	0.01	0.01	100
2	shanxingkuai2	零件	P14	0	7.33	0.01	0.01	376
12	luoding	零件	P15	1	0.176	0.01	0.01	68
2	neiliujiao	零件	P16	1	0.078	1	0.01	48

（1）零件信息

十字头连杆零件信息和装配资源信息如表 5 – 2 所示,在该表中,操作工具一栏中 0 表示不需要装配辅助工具,1 表示零件需要装配辅助工具;被包围程度一栏中 1 表示零件装配好后无表面露出,0.01 表示零部件表面有部分露出;装配空间一栏,0.01 表示装配空间富裕,1 表示装配空间不够。这些信息将会运用到蚁群算法参数 $\eta_{ij}(t)$ 的计算。

（2）连接矩阵

在 CATIA 装配设计模块中,为了装配十字头连杆各零件,对所有零件间进行了约束的定义,即所有零件间的约束关系,十字头连杆装配部件的连接关系矩阵见表 5-3。其中 1 表示有连接关系,0 表示无。连接矩阵的建立将会运用到蚁群算法尾部部件的判断中,其次与干涉矩阵的建立也相互联系。

表 5-3　连接矩阵

代号	P1	P2	P3	P4	P5	P6	P7	P8	P9	P10	P11	P12	P13	P14	P15	P16
P1	0	1	1	1	1	1	1	1	1	1	1	1	0	1	1	1
P2	1	0	0	0	1	0	0	0	0	0	0	0	0	0	0	0
P3	1	0	0	0	1	0	0	0	0	0	0	0	0	0	0	0
P4	1	0	0	0	1	0	0	0	0	0	0	0	0	0	0	0
P5	1	1	1	1	0	1	0	0	0	0	0	0	0	0	0	0
P6	1	0	0	0	1	0	1	0	0	0	0	0	0	0	0	0
P7	1	0	0	0	0	1	0	0	0	0	0	0	0	0	0	0
P8	1	0	0	0	0	0	0	0	1	0	1	0	0	1	0	0
P9	1	0	0	0	0	0	1	0	0	1	0	0	1	1	0	0
P10	1	0	0	0	0	0	0	0	0	0	1	0	0	0	0	0
P11	1	0	0	0	0	0	0	1	0	1	0	1	1	0	0	0
P12	1	0	0	0	0	0	0	0	0	0	1	0	1	0	0	0
P13	0	0	0	0	0	0	0	0	0	0	1	1	0	0	0	0
P14	1	0	0	0	0	0	0	1	1	0	0	0	0	0	1	0
P15	1	0	0	0	0	0	0	0	0	0	0	0	0	1	0	0
P16	1	0	0	0	0	0	0	0	0	0	0	0	0	0	0	0

3. 尾部部件的判定

由"尾部部件"的判定理论和图 5-8 所示的流程图,对船用柴油机十字头连杆的所有装配零件进行判定,根据此流程可以初步确定本次装配规划的尾部部件有:P7,P13,P15。尾部部件判断流程如图 5-8 所示。

4. 序列规划计算

在船用柴油机十字头连杆的零件信息表建立,尾部部件判定完成后,在蚁群规划算法下完成十字头连杆的装配顺序规划,步骤如下:

（1）参数计算与选择

通过蚁群的算法公式,在对十字头连杆进行序列规划之前,重要的步骤就是公式中各个参变量的选择和递推计算,主要包括零件的总数 n,迭代次数 T,蚁群的个数 m、信息素收敛度 A、全局信息量 Q;以及转移概率计算所需要的参数,包括装配信息量 $\tau_{ij}(t)$,零件信息素浓度 $\eta_{ij}(t)$,两种启发因子 α 和 β。

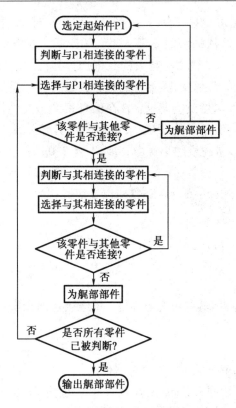

图 5 - 8 尾部部件判断流程

设置了蚁群的个数为：$m = [0.6n, 0.9n]$。零件数量为 16，蚂蚁数量设置为 10；零件信息素强度 A 设置为 50；全局信息量 Q 为 5。在上述过程中已经选定了尾部部件，因此在计算过程中，算法循环的次数将大幅度减少，将循环次数 T 设置为 20 次。

$$\tau_{ij}(t) = (1 - \gamma)\tau_{ij}(t - 1) + \gamma\tau_0 \tag{5-1}$$

$$\Delta\tau_{ij}(t) = Q \tag{5-2}$$

其中：τ_{ij} 表示每只蚂蚁在寻优过程中留在路径 i, j 上的信息量；$\Delta\tau_{ij}$ 表示蚂蚁信息素增量；Q 是常数，表示蚂蚁再一次寻路过程中传播的信息素。

$$\eta_{ij}(\tau) = \frac{A}{\mu_j + \lambda_j + \delta_{ij}\nu_{ij} + \gamma_{ij}\tau_{ij}\kappa_{ij} + \beta_j} \tag{5-3}$$

$\eta_{ij}(t)$ 为零件信息素浓度，即蚂蚁从零件 i 走到可选择的下一零件 j 的可转移信息素密度。其主要作用是启发蚂蚁的转移。影响 η_{ij} 的参数有装配的质量、尺寸、装配工具、装配方向、裸露程度等。γ 为信息素的局部挥发系数，$\gamma \in (0, 1)$；τ_0 是初始信息素；t 为迭代次数。取 $\gamma \in [0.6, 0.9]$，蚁群算法的效果显著，收敛性强。

$$\alpha(t) = t/T + 1, 1 \leqslant t \leqslant T \tag{5-4}$$

$$\beta(t) = 6 - 2t/T, 1 \leqslant t \leqslant T \tag{5-5}$$

式中，α 和 β 是决定 $\tau_{ij}(t)$，$\eta_{ij}(t)$ 相对重要程度的参数，α 为信息启发因子，表示序列规划中已经存在的信息素相对重要程度[6]；β 为期望启发式因子，表示的是信息素由一个零件转移到另一个零件的相对重要程度。T 为迭代次数，t 为当前迭代次数。

α 的取值从 1 开始，随着迭代次数的增加，其值到 2 时算法才算结束；β 的初始设定值为6,随着前后反复地迭代,β 的值不断减小,到 β 算得为4时,算法结束。

这两个参数的数值对算法的解的质量有很大的影响。对算法中信息量的重要性起着决定性的作用。α 的值越大,蚂蚁就有越大的概率选择算法中已经被选中的部件。算法收敛过快,容易陷入局部最优解;相反,随着 α 的减小,积极的反馈算法将忽略蚂蚁重点信息,随机选择的蚂蚁增加,收敛速度就会降低。β 在信息素的重要性扮演着重要的角色。β 的值越大,蚂蚁转移概率的自然随意性就越小,算法很容易落入部分最优解。β 的值越小,蚂蚁的约束就越少,算法的收敛速度越小。当 α 取 $[1.0, 2.0]$ 时,当 β 取 $[4.0, 6.0]$ 时能更好地解决算法的性能。

最后根据转移概率公式(5-6)和(5-7),以及蚁群算法,经过20次迭代之后可以得到装配序列集 A。

$$P_{ij}^m(t) = \frac{[\tau_{ij}(t)]^\alpha [\eta_{ij}(t)]^\beta}{\sum [\tau_{iu}(t)]^\alpha [\eta_{iu}(t)]^\beta}, \quad j \in u \tag{5-6}$$

$$P_{ij}^m(t) = 0, \quad j \notin u \tag{5-7}$$

式中,u 为本次可转移的零件,其约束为与零件 i 相连接且尚未安装的零件;j 为零件群 u 中的任意一个;m 为蚂蚁数。

(2)序列规划

由于十字头连杆构造相对简单,虽没有其他部件,但是通过算法初步确定的序列属于非线性装配序列。设定起始件为 liangan,代号为 P1。包括 P1 在内,去掉重复零件,装配体总共有16个零件。可单独对连杆的两头分别进行装配序列规划,即大端和小端的规划,然后将所有的序列进行归一,以规划出合理的序列,得到序列集 A,算法的作用就是在序列集 A 中寻优到一条合理的序列 Sq。

其一条可行的非线性装配序列 S0,十字头连杆非线性装配序列,如图5-9所示。

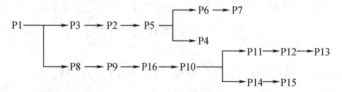

图5-9 十字头连杆非线性装配序列

其中,P7,P13,P15 为尾部部件,所以把非线性序列线性化,简化装配工艺,并且当选择不同的零件作为起始件时,可得到三条不同的线性装配序列 S1,S2,S3。十字头连杆线性装配序列如图5-10所示。

5. 序列评价

根据"装配序列质量评价体系",如图5-11所示,综合考虑装配稳定性,装配工艺性,装配精度和操作空间等因素,结合零件信息表和连接矩阵,首先确定装配序列集 A 在指标体系下的合理性,从 A 中选出最优的装配序列 Sq,需要对 S1,S2,S3 进行评价,由于影响评价的因素有装配稳定性,装配工艺的简单性,装配精度保障性和操作方便性四个指标,所以采用多因素模糊评价法来进行十字头连杆装配序列的综合评价。

S1:　P1 → P3 → P2 → P5 → P4 → P6 → P7 → P9

P13 ← P12 ← P11 ← P15 ← P14 ← P10 ← P8 ← P16

S2:　P9 → P16 → P8 → P10 → P14 → P15 → P11 → P12

P6 ← P7 ← P4 ← P5 ← P2 ← P3 ← P1 ← P13

S3:　P5 → P4 → P7 → P1 → P3 → P2 → P6 → P14

P13 ← P12 ← P11 ← P15 ← P9 ← P16 ← P8 ← P10

图 5 – 10　十字头连杆线性装配序列

十字头连杆装配序列的综合评价步骤如下：

建立因素论域和评语论域。因素论域 U 就是各评价指标所占的具体权重值,而评语论域 V 就是三条序列对应评价指标的标准分。

因素论域 U = {稳定性　简单性　保障性　方便性} = (0.35　0.15　0.35　0.15)

评语论域 V = {合理　不合理} = (0.9　0.3)

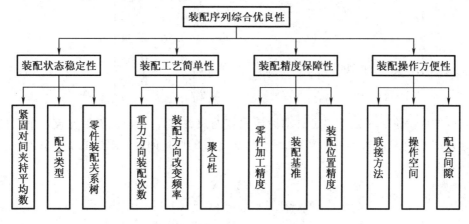

图 5 – 11　装配序列评价体系

构建模糊度矩阵。即对三个方案的每个因素进行相应的评分,每一个因素构成一个模糊集,而四个模糊集就构成一个模糊矩阵。而模糊矩阵建立之前需要建立序列评价表,见表 5 – 4。然后根据评价表分别建立每个序列的模糊度矩阵 $\tilde{R}_1, \tilde{R}_2, \tilde{R}_3$。

表 5 – 4　十字头连杆序列评价表

	S1		S2		S3	
	合理	不合理	合理	不合理	合理	不合理
稳定性	0.88	0.12	0.75	0.25	0.46	0.54
简单性	0.84	0.16	0.70	0.30	0.45	0.55
保障性	0.92	0.08	0.73	0.27	0.50	0.50
方便性	0.85	0.15	0.64	0.36	0.56	0.44

$$\widetilde{R}_1 = \begin{bmatrix} 0.88 & 0.12 \\ 0.84 & 0.16 \\ 0.92 & 0.08 \\ 0.85 & 0.15 \end{bmatrix}, \widetilde{R}_2 = \begin{bmatrix} 0.75 & 0.25 \\ 0.70 & 0.30 \\ 0.73 & 0.27 \\ 0.64 & 0.36 \end{bmatrix}, \widetilde{R}_3 = \begin{bmatrix} 0.46 & 0.54 \\ 0.45 & 0.55 \\ 0.50 & 0.50 \\ 0.56 & 0.44 \end{bmatrix}$$

评价综合。模糊矩阵给出了对各项因素(评价指标)的不同评价,但不能给出一个比较明确的综合概念。所以根据评价指标的权重值,确定各序列的评价综合论域 X_1, X_2, X_3, X 的计算由式(5-8)实现。

$$X = U \cdot \widetilde{R} \tag{5-8}$$

$$X_1 = U \cdot \widetilde{R}_1 = (0.35 \quad 0.15 \quad 0.35 \quad 0.15) \cdot \begin{bmatrix} 0.88 & 0.12 \\ 0.84 & 0.16 \\ 0.92 & 0.08 \\ 0.85 & 0.15 \end{bmatrix} = (0.88 \quad 0.12)$$

$$X_2 = U \cdot \widetilde{R}_2 = (0.35 \quad 0.15 \quad 0.35 \quad 0.15) \cdot \begin{bmatrix} 0.75 & 0.25 \\ 0.70 & 0.30 \\ 0.73 & 0.27 \\ 0.64 & 0.36 \end{bmatrix} = (0.72 \quad 0.28)$$

$$X_3 = U \cdot \widetilde{R}_3 = (0.35 \quad 0.15 \quad 0.35 \quad 0.15) \cdot \begin{bmatrix} 0.46 & 0.54 \\ 0.45 & 0.55 \\ 0.50 & 0.50 \\ 0.56 & 0.44 \end{bmatrix} = (0.49 \quad 0.48)$$

求得的评价论域 X 还应结合评语论域 V 进行最终的评分计算,然后比较各个序列的综合评分 Z,Z 的计算由式(5-9)实现,综合评分最高的序列即是最理想的十字头连杆装配规划序列 Sq。

$$Z = V \cdot X^{\mathrm{T}} \tag{5-9}$$
$$Z_1 = V \cdot X_1^{\mathrm{T}} = 0.9 \times 0.88 + 0.3 \times 0.12 = 0.828$$
$$Z_2 = V \cdot X_2^{\mathrm{T}} = 0.9 \times 0.72 + 0.3 \times 0.28 = 0.732$$
$$Z_3 = V \cdot X_3^{\mathrm{T}} = 0.9 \times 0.49 + 0.3 \times 0.48 = 0.585$$

由此得

$$Z_1 > Z_2 > Z_3$$

综上所述,Z_1 对应的序列 S1 就是理论上最优的装配序列 Sq。但实际的装配过程中,除了考虑装配稳定性、装配工艺性、装配精度和操作空间等因素外,还有装配路径和装配过程中干涉碰撞问题,为此就可以进一步优化十字头连杆的装配工艺,做好装配前期工作以指导装配技术人员的实际施工。

Sq: P1 ⟶ P3 ⟶ P2 ⟶ P5 ⟶ P4 ⟶ P6 ⟶ P7 ⟶ P9
　　　　　　　　　　　　　　　　　　　　　　　　　　↓
P13 ⟵ P12 ⟵ P11 ⟵ P15 ⟵ P14 ⟵ P10 ⟵ P8 ⟵ P16

图 5-12　装配序列 Sq

5.3.3　基于 CATIA-DMU 的装配路径规划

可靠的装配路径,不仅可以消除不必要的干涉,优化装配序列,还可以指导装配人员的实际操作,减少错误,提高效率,保障工作安全等。因此,装配路径规划是装配中至关重要的环节,其与序列规划以及碰撞干涉分析的紧密关系,如图 5 - 13 所示。

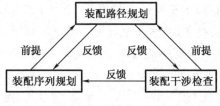

图 5 - 13　路径规划作用

在 CATIA DMU 平台上,基于装配序列规划三维文件,包括零件信息和装配信息,创建装配体的拆卸路径,生成虚拟装配路径,干涉检查。

1. DMU 功能概述

DMU 模块实现路径规划之前,需要一个完整的装配件作为载体,而装配件的建立一般在装配设计模块(ASD)下进行的。ASD 作为 CATIA 中最基础也最重要的模块之一,与零件设计模块(ADG),结构设计(STD),创成式外形(GSD)相互链接,这种链接是动态的,当零件的参数发生变化时,这些变化会相应地反射到各个模块下的参数文档中,即可以实现装配部件的动态实时修改,以适应装配工艺和装配规划理论的更新速度。

十字头连杆的后续路径规划和装配仿真在与 ASD 相链接的 DMU Fitting Simulator 功能模块下进行,DMU 功能模块,如图 5 - 14 所示。与 ASD 不同的就在于约束的建立上,为了满足仿真的要求需要减少装配零件的约束数目,优化约束效果。该模块的主要功能就是对柴油机十字头连杆进行模拟拆分,装配路径规划,编排规划序列,检查静动态干涉,生成装配仿真动画。

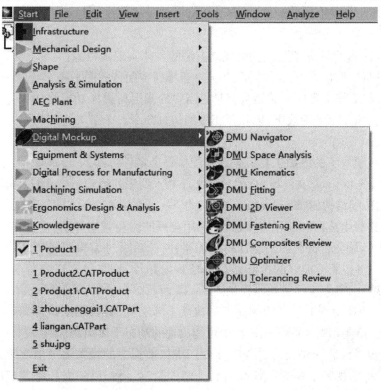

图 5 - 14　DMU 功能模块

在 DMU Fitting simulator 模块中,要想实现装配体的装配仿真,首先就需了解其工具栏的主要作用,此模块下主要有两个重要的工具栏,一个是 DMU Simulation,主要任务就是完成装配体的路径规划,编排仿真序列;另一个就是 DMU Check 工具栏,主要任务就是完成虚拟装配过程中动态干涉检查和装配体的静态干涉检查,DMU 工具栏,如图 5 – 15 所示。两者协同工作,构成 CATIA 装配仿真的核心。

图 5 – 15　DMU 工具栏

DMU Fitting 建立装配仿真文件的步骤,如图 5 – 16 所示。

图 5 – 16　DMU Fitting 建立装配仿真文件的步骤

2. 十字头连杆虚拟仿真

CATIA 的 DMU Fitting Simulator 模块可以将一个装配好的装配体进行模拟拆卸处理,在拆卸过程中可以记录拆卸的路径,形成这个装配体的拆卸路径规划模型,然后通过反模拟的手段,将拆卸路径模拟成装配体的装配路径,模拟了实际生产过程中装配与拆卸过程,验证其可行性。

基于 CATIA 进行的虚拟装配路径规划方法的具体实现步骤为:

(1)在 CATIA ASD(装配设计)模块中,重新排列装配体的图形树,与已规划好的装配序列 Sq 相一致,其工作主要由产品结构工具栏当中的图形树排序功能模块来完成,然后转换到 DMU Fitting Simulator 模块下,以执行相应的仿真命令。十字头连杆装配树(左侧),如图 5 – 17 所示。

(2)通过该模块下的模拟工具栏创建装配体每个零件拆卸的 track 文件,在所有的追踪建立好之后,首先将 track 文件导出,然后将文件导入到序列编辑器中,通过编辑序列命令编辑所有零件的装配结构树,即 sequence 文件,为下一步的装配仿真打下基础。

(3)通过路径生成器和路径查找器,并运用合理的路径规划算法,建立各个零件的路径线路,记录节点动作,形成十字头连杆的拆卸路径,然后通过编辑路径记录位置的顺序,即反拆卸的手段,将按照模拟好的拆卸路径创建装配路径,该路径要充分考虑前述的装配信息,可靠而合理,十字头连杆装配路径如图 5 – 18 所示。

(4)通过 DMU 检查工具栏的碰撞工具建立干涉文件,检查装配体静态干涉;同时激活碰撞检测功能,检测动态装配模拟过程中可能出现的动态干涉问题。

(5)在模拟播放装配路径的过程中,此由 DMU 模拟中的模拟播放器实现,然后打开主工具栏中图像里的视频工具进行装配仿真动画的录制工作,以随时验证装配路径可靠性,指导实际工人的装配活动。录制之前,需要对视屏的相关属性进行设置,如帧数/s,格式,持续时间。动画的格式保存为 AVI,之后根据仿真动画查找实际装配过程中的缺陷。

图 5 – 17   十字头连杆装配树(左侧)

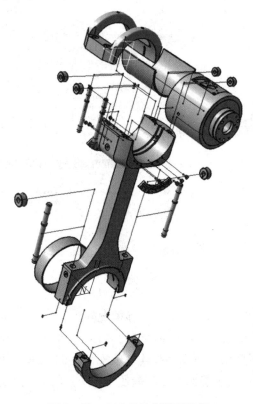

图 5 – 18   十字头连杆装配路径

3. 干涉检查

在路径规划过程中,干涉检查是装配规划中必不可少的过程。干扰检查通常包括静态和动态干涉检查。静态干涉检查是在静止的装配体中,基于虚拟装配环境中的所有零件间的碰撞约束过度问题,用以解决零件之间尺寸公差不配合的问题;动态干涉检测零件在虚拟组装动态过程中,检查各零件的装配空间,装配体的运动轨迹是否存在交叉和碰撞,改善装配序列和路径。

CATIA 提供了两种干涉检测手段:

①利用 CATIA - DMU 的碰撞功能和实时碰撞检测监控来进行动静态干涉检查;

②经过 DLEMIA 的二次开发来实现干涉检查。

采用的干涉检查方法是 CATIA - DMU 的内置检测手段。

(1)静态干涉检查

静态干涉检查是在静止的装配体中,基于虚拟装配环境中的所有零件间的碰撞和约束过度问题,如果存在干涉问题,可以通过静态碰撞检查窗口进行查看,并通过干涉情况报告输出干涉的类型和干涉的程度,以便及时分析装配工艺规划的合理性并加以改进。

十字头连杆所有零件静态干涉检查情况如图 5 - 19 所示。图 5 - 19 中所示的左侧窗口为每个干涉的情况三维预览窗口,可以很容易观察发生干涉的部位,干涉区域将以黄色高亮区显示。右侧的窗口提供零件冲突列表,列表详细展示了所有干涉零件的干涉类型,干涉值,干涉发生零件编号,目前干涉的状态。同时还提供干涉矩阵,如图 5 - 20 所示,与前述连接矩阵相对应,可以直观得分析哪些零件与哪些零件发生了干涉问题。

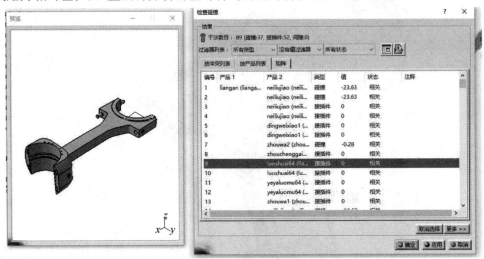

图 5 - 19   静态干涉检查

同时,干涉情况窗口中,可以把详细的干涉情况导出,导出成 xlm 格式或是 TXT 格式的干涉报告,如图 5 - 21 所示。反映出干涉零件的名称、干涉类型、干涉值大小和干涉零件模型,通过此干涉报告,可以随时分析十字头连杆装配部件的静态干涉情况,以便实时修改配合零件的尺寸和配合公差,避免静态干涉问题使十字头连杆装配工艺达到最优。

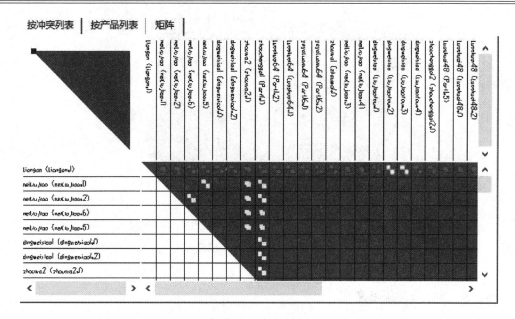

图 5 – 20　干涉矩阵

▼Computation Result

Product vs product		Link
		DataBase/liangan (liangan.1) -- Shape 1++neiliujiao (neiliujiao.1) -- Shape 1++1.xml
		DataBase/liangan (liangan.1) -- Shape 1++neiliujiao (neiliujiao.2) -- Shape 1++2.xml
		DataBase/liangan (liangan.1) -- Shape 1++neiliujiao (neiliujiao.6) -- Shape 1++3.xml
		DataBase/liangan (liangan.1) -- Shape 1++neiliujiao (neiliujiao.5) -- Shape 1++4.xml
		DataBase/liangan (liangan.1) -- Shape 1++dingweixiao1 (dingweixiao1.1) -- Shape 1++5.xml
		DataBase/liangan (liangan.1) -- Shape 1++dingweixiao1 (dingweixiao1.2) -- Shape 1++6.xml
		DataBase/liangan (liangan.1) -- Shape 1++zhouwe2 (zhouwa2.1) -- Shape 1++7.xml
		DataBase/liangan (liangan.1) -- Shape 1++zhouchenggai1 (Part1.1) -- Shape 1++8.xml

图 5 – 21　干涉报告

（2）动态干涉检查

不管是装配体的拆卸过程还是装配过程难免出现动态干涉的情况,动态干涉检查就是基于此对零件其运动包络体在装配路径上移动时是否存在零部件之间的运动干涉。DMU模块能够把创建的电子样机文件转变成为装配仿真演示,在计算机上实施装配体零件分解,位置调整,装配模拟仿真,碰撞干涉检查等。

在十字头连杆的装配过程中,如图 5 – 22 所示,在连杆螺栓的装配过程中发生碰撞,或者在某一个装配路径上存在干涉,这时发生碰撞的部位就会在装配体上出现清晰且高亮的红色区域,如果干涉检测开关打开,那么装配过程会自动停止,该功能观察到所有零件彼此详细的装配动态碰撞干涉情况,通过修改装配路径或装配序列,不断优化找到最终装配方案。

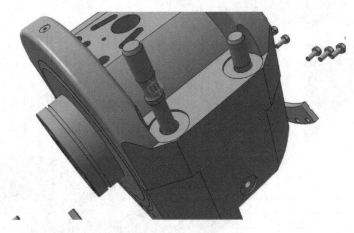

图 5 – 22　动态干涉检查

5.3.4　输出三维工艺文件

在完成上述路径规划,装配仿真和动静态干涉检查之后,要考虑对于实际装配过程的指导意义,即实现指导装配技术人员按照规划出的路径和装配序列完成部件的装配。为此,需要将 CATIA – DMU 仿真的路径,干涉碰撞的问题以及装配过程中需要注意的事项进行工艺文件的输出,输出此文件有两种形式:

在 DMU Fitting Simulatior 环境下,将装配的模拟过程生成 AVI 格式的视频,包括路径和干涉检查都会在 AVI 格式的视频中演示出来,然后编辑视频,把实际装配过程需要注意的事项输入到文件中,最终输出装配仿真动画。

把路径文件和干涉文件导出,整合完这些信息之后,在 PDF 软件下,把这些信息编辑到 PDF 格式的文件中,每一个步骤的注意事项也会编写到相应的 PDF 下,最终输出三维工艺文件。

为了更好地反应十字头连杆装配前期阶段所存在的问题,检查装配序列装配路径规划的合理性和可靠性,采用第一种方式来输出装配三维工艺文件。由 CATIA 输出的 AVI 三维工艺文件不仅能指导装配人员的实际操作过程,而且还能实时优化十字头连杆的装配工艺,完善序列规划路径规划方案,对于提高实际装配工作的效率和质量,降低装配成本都有很大的作用,减少了手动装配检验的资源浪费,符合当下可持续发展的要求。

5.4　本 章 小 结

本章船用柴油机数字化装配工艺主要阐述了船用柴油机数字化装配涉及的关键技术:
(1)船用柴油机数字化装配建模技术;
(2)船用柴油机数字化装配序列规划技术;
(3)船用柴油机数字化装配路径规划技术;
(4)船用柴油机虚拟装配技术;
(5)船用柴油机刚柔混合的装配工艺规划关键技术。基于 CATIA 对船用柴油机十字头连杆进行数字化装配分析。

思 考 题

1. 论述船用柴油机数字化装配建模技术。
2. 论述船用柴油机数字化装配序列规划技术。
3. 论述船用柴油机数字化装配路径规划技术。
4. 论述船用柴油机虚拟装配技术。
5. 论述船用柴油机刚柔混合的装配工艺规划关键技术。

实 习 守 则

第一条 学生必须按照人才培养方案中设置的教学安排参加实习,认真完成实习任务,不能免修。

第二条 学生实习前必须按照实习指导教师的要求,认真预习必要的相关知识,明确实习的目的、意义、内容及要求,做好实习准备。

第三条 学生在实习期间要严格遵守实习所在单位的各项规章制度。

第四条 学生在实习期间必须严格遵守作息和请销假制度,实习中不得迟到、早退和无故旷课。实习中无故旷课累计达到三日及三日以上者或缺课时间累计达到实习时间三分之一及三分之一以上者,实习成绩按不及格处理。

第五条 实习中学生必须在指定场所或岗位上进行,未经允许不得随意串岗,更不允许在实习时间内离岗或做与实习无关的事情,要服从管理人员的指挥和领导,做到有组织、守纪律、讲文明。

第六条 学生在指定的设备上进行实习,必须严格遵守安全、技术操作规程,未经允许不得动用非指定设备。

第七条 学生在实习中,要努力钻研业务,认真学习实践知识;要认真听讲,虚心向指导教师学习,认真做好实习笔记。

第八条 实习期间对严重违纪或一再违纪屡教不改者,取消其实习资格,实习成绩按不及格处理,并给予适当的行政处分。

第九条 实习中出现事故,学生要立即报告,并保护好现场。

第十条 要爱护仪器、设备等国家财产,对实习中因违章而造成仪器、设备、产品损坏及经济损失者,除按照有关规定进行赔偿外,还要视情节给予行政处分。

实 习 承 诺

(1)实习期间必须服从实习单位的管理,遵守国家法律、法规,遵守实习单位的保密、安全和管理等相关规章制度。

(2)实习期间要做到实习目的明确,尊重师长,虚心接受实习单位指导教师的辅导,认真完成实习任务,积极参加实习中的各项活动。

(3)校方带队实习教师应做好实习生日常管理工作。对因病、事假不能参加实习的应及时通报实习单位指导教师,以便于实习工作的顺利开展。

(4)校方实习带队教师应认真听取实习单位的意见和建议,配合实习单位积极做好实习工作的安排、调整和对实习、转达工作。

(5)在实习期间,实习生不准私自从事与实习内容无关的其他活动。如因此而产生的不良后果,由实习生本人承担全部责任。

(6)对违反法律法规或企业规章制度的实习生,实习单位指导教师有权当场令其改正。对拒不改正或已造成恶劣影响和严重后果的,实习单位可立即停止其实习任务,通报校方实习带队教师,并追究其经济、法律责任。

(7)实习结束后,实习单位指导教师统一收取《实习指南》进行实习考评,再交由校方带队实习教师发还实习生。

实习生: 校方带队实习教师:

                                              年   月   日

实 习 计 划

实习单位人事部门(盖章)

年　月　日

实 习 周 记

第一周	20　年　月　日—20　年　月　日

本周实习内容：

考 勤 情 况	周一	周二	周三	周四	周五	周六	周日
出勤√,缺勤×,病假 O,迟到、早退							

实习单位指导教师意见：

指导教师签名：

年　　月　　日

实 习 周 记

第二周	20　年　月　日—20　年　月　日

本周实习内容：

考 勤 情 况	周一	周二	周三	周四	周五	周六	周日
出勤√,缺勤×,病假 O,迟到、早退							

实习单位指导教师意见：

指导教师签名：

年　　月　　日

实 习 周 记

第三周	20　年　月　日—20　年　月　日

本周实习内容：

考 勤 情 况	周一	周二	周三	周四	周五	周六	周日
出勤√,缺勤×,病假O,迟到、早退							

实习单位指导教师意见：

指导教师签名：

年　　月　　日

实 习 周 记

第四周	20 年 月 日—20 年 月 日

本周实习内容：

考 勤 情 况	周一	周二	周三	周四	周五	周六	周日
出勤√,缺勤×,病假 O,迟到、早退							

实习单位指导教师意见：

指导教师签名：

年　　月　　日

实 习 考 评

实习部门考评意见：

建议实习成绩：

实习部门主管人员：

年　　月　　日

实习单位意见：

实习单位人事部门（盖章）

年　　月　　日

　　注：在实习结束时，由实习单位指导教师和实习单位完成学生实习考评意见。实习成绩实行"优秀、良好、较好、一般和差"五级评分制。

考评标准：

优秀：尊重师长，遵章守纪；能够很好地完成实习的全部任务，运用所学知识对实习内容进行系统的总结，深入分析，并提出具有一定实用价值的建议。

良好：尊重师长，遵章守纪；能够很好地完成实习的全部任务，并对课题做出科学的理论分析。

较好：尊重师长，遵章守纪；能够完成实习全部任务，系统正确地对课题进行分析。

一般：能够尊重师长，基本完成实习任务，达到实习要求，在实习期间有违纪行为，但未造成严重后果和恶劣影响。

差：不能够完成实习任务，自由散漫，无故缺勤，在实习期间有严重违纪行为，并造成严重后果和恶劣影响。

哈 尔 滨 工 程 大 学
本科生实习总结报告

实习名称 : _____

课程编号 : _____

学　　院 : _____

专　　业 : _____

班　　级 : _____

学生姓名 : _____

学　　号 : _____

指导教师 : _____

本科生院制

年　　月　　日

填 写 说 明

一、此报告请用黑色签字笔填写或打印。

二、此报告中内容请在实习结束后如实填写。

三、实习名称等同于课程名称。

四、此报告填写完毕(一式一份),经实习指导教师和实习领队教师审阅后,由学院存档。

一、实习教学基本概况

实习名称			课程编号	
学　时			学　分	
学　院			专　业	
实习单位			实习地点	
实习起止时间		年　月　日至　年　月　日(共　天)		

	姓名	性别	年龄	职称	专业	学院	手机	起止时间
领队教师								
指导教师								

二、实习教学内容

1. 实习目的、要求：

2. 实习主要内容：

三、实习总结(可另附纸)

学生本人签名：

年　月　日

四、实习鉴定

指导教师鉴定：

指导教师签名：

年 月 日

领队教师评定：

领队教师签名：

年 月 日

参 考 文 献

[1] 李斌. 船舶柴油机[M]. 大连：大连海事大学出版社, 2014.

[2] 王福根. 船舶柴油机及安装[M]. 哈尔滨：哈尔滨工程大学出版社, 2011.

[3] 彭涛, 李世其, 王峻峰, 等. 基于集成干涉矩阵的蚁群装配序列规划[J]. 计算机科学, 2010(04):179 - 182.

[4] 邓明星, 唐秋华, 雷喆. 基于蚁群算法的改进装配序列规划方法[J]. 武汉大学学报（工学版）, 2013(02):246 - 251.